Menge — Praxisführer Japan

Rita Menge

Praxisführer Japan

Fettnäpfchen gekonnt vermeiden

Königshausen & Neumann

Bibliografische Information der Deutschen Nationalbibliothek

Die Deutsche Nationalbibliothek verzeichnet diese Publikation in der Deutschen Nationalbibliografie; detaillierte bibliografische Daten sind im Internet über http://dnb.d-nb.de abrufbar.

2., vollständig überarbeitete Auflage 2017

Gedruckt auf säurefreiem, alterungsbeständigem Papier
Umschlag: skh-softics / coverart
Umschlagabbildung: Torsakarin: Winter Mt. Fuji with Long exposure of Tomei expressway at Suruga Bay , Shimizu Town , Shizuoka prefecture. #157115259 © Fotolia.com
Bindung: docupoint GmbH, Magdeburg

Printed in Germany
ISBN 978-3-8260-6402-9
www.koenigshausen-neumann.de
www.libri.de
www.buchhandel.de
www.buchkatalog.de

Inhalt

Hintergründe

Vorwort

„Japan? Ach, das ist ja eine ganz andere Kultur."

Das ist die übliche Reaktion, die ich erfahre, wenn ich von meiner Tätigkeit als interkulturelle Trainerin für dieses Land erzähle. Trotz grenzenloser Informationsmöglichkeiten ist Japan ein Land, das uns in aller Regel nicht besonders stark interessiert. Die deutschen Medien schauen in ihrer Berichterstattung eher nach Westen als nach Osten und seit dem rasanten Aufstieg Chinas wurden zahlreiche Korrespondenten von Tokio nach Peking oder Shanghai versetzt. Wir sind also auf Eigeninitiative angewiesen, um uns fundiert über Japan zu informieren, aber dazu fehlen uns anscheinend oft Lust oder Zeit. Selbst manche Teilnehmer meiner Seminare, die bereits zahlreiche Geschäftsreisen nach Japan unternommen haben, wissen erschreckend wenig über dieses Land. Dabei helfen oft schon einfache Tipps und ein wenig Wissen, um unser Handeln an die Gepflogenheiten anzupassen, dadurch die Zusammenarbeit zu vereinfachen und die üblichen Fettnäpfchen zu vermeiden.

Dieses Buch möchte Ihnen Mut machen. Es geht nicht darum, dass Sie all die aufgeführten Tipps und Hinweise unbedingt beachten müssen. Sie sollen vielmehr eine praktische Orientierungshilfe sein. Japaner sind sehr freundlich und werden Sie normalerweise nicht spüren lassen, wenn Sie sich falsch verhalten, aber darin liegt auch eine Gefahr. Es kann passieren, dass man jemanden verletzt, ohne es zu bemerken, erst aus den Reaktionen kann man vielleicht Schlussfolgerungen ziehen. Außerdem ist es schwierig dazuzulernen, wenn man keine Hinweise erhält. Zusätzlich muss man bedenken, dass die Toleranz nach und nach abnimmt. Je länger oder häufiger Sie sich im Land aufhalten, umso mehr erwartet Ihre Umwelt, dass Sie sich anpassen und sich Dinge aneignen.

Japan ist immer noch die drittgrößte Wirtschaftsnation der Welt und viele deutsche Firmen arbeiten direkt mit japanischen Unternehmen zusammen. Japanische Firmen sind oft der Schlüssel für Marktanteile in anderen Ländern wie China oder Thailand. In der täglichen Zusammenarbeit ergeben sich mitunter Unstimmigkeiten, die oft damit zu tun haben, dass man zuwenig voneinander weiß. Seit einigen Jahren hat sich in deutschen Unternehmen die Erkenntnis durchgesetzt, dass es in unserer globalen Welt, in der viele Kulturen miteinander umgehen, enorm wichtig ist, dass sich die Mitarbeiter Kenntnisse über die jeweiligen Kontaktkulturen aneignen. In sehr vielen Unternehmen gibt es deshalb heute interkulturelle Trainings unterschiedlicher Art.

Bei einigen Kulturen vermuten wir besonders starke Unterschiede, da sie räumlich und somit anscheinend auch kulturell weit von Mitteleuropa entfernt sind. Asien ist ein solcher vermeintlich besonders weit von unseren eigenen Erfahrungen entfernter Kulturkreis.

Während meiner täglichen Arbeit schule ich Mitarbeiter deutscher Firmen, die einen langjährigen Auslandsaufenthalt antreten, Geschäftsreisen nach Japan planen oder eine Zusammenarbeit mit Japanern von Deutschland aus unterhalten. Je nach Anforderungen, Hintergründen und Wirtschaftsbereichen gestalte ich diese Trainings sehr individuell nach Vorgesprächen und Abfragen. Auffallend ist, dass sehr häufig ähnliche Fragen und Befürchtungen geäußert werden. Diese werden in diesem Buch besonders vor unserem speziellen, deutschen Hintergrund und unseren deutschen Kulturstandards betrachtet und beantwortet.

Bei den angestellten Vergleichen soll es nicht darum gehen, zu entscheiden, welches Verhalten das bessere ist. Es gibt keine bessere oder schlechtere Kultur. Unsere anerzogenen und erlernten Werte bestimmen unsere Einstellungen und unsere Umwelt verlangt die Einhaltung bestimmte Verhaltensregeln.

Auch ‚den Japaner‘ und ‚den Deutschen‘ gibt es natürlich nicht. Ich beschreibe hier das durchschnittliche Verhalten von Deutschen und Japanern. Es kann natürlich immer Menschen geben, die sich individuell anders verhalten.

Ich habe in diesem Buch die Themen eines allgemeinen Japantrainings für Geschäftsleute nachgezeichnet, mit den wichtigsten Informationen zum Umgang mit Japanern. Die Fälle und Fragen sind natürlich immer vielschichtig und ließen sich oft auch unter anderen Stichworten behandeln. Dies ist aber auch ein Hinweis darauf, dass alles miteinander verknüpft ist und nicht isoliert betrachtet werden kann.

Die Bewertung der jeweiligen Fälle geben meine persönliche Einschätzung wieder, die aus 20 Jahren Erfahrung und Zusammenarbeit mit Japanern und Deutschen im japanischen Kontext resultiert.

Interkulturelle Trainings werden mitunter als einfaches Mittel zur Problemlösung missverstanden. Sich interkulturelles Wissen anzueignen, ist für die meisten Personen sehr wichtig, um Fehler zu vermeiden und sich sicherer im Umgang mit der fremden Kultur zu fühlen. Aber dies allein genügt nicht. Man muss bereit sein, seine eigenen Verhaltensweisen immer wieder zu hinterfragen und anderen Einstellungen gegenüber echte Toleranz zu zeigen. Das fällt den meisten Menschen unendlich schwer, auch wenn die grundsätzliche Bereitschaft bei Seminaren und Gesprächen dazu da ist. Im Tagesgeschäft fallen wir meist sofort in unsere erprobten und in unserer Kultur auch erfolgreichen Verhaltensmuster zurück, werden ungeduldig und intolerant.

Auf der anderen Seite genügt es im Geschäftsleben nicht, die interkulturellen Hintergründe im jeweiligen Fall zu kennen und zu beachten. Auch die Grundvoraussetzungen müssen stimmen: Sie müssen ein gutes Produkt verkaufen, Ihre Vorgesetzten müssen Sie unterstützen, die Firmenstrukturen müssen intakt und transparent sein, es muss ein Grundvertrauen zwischen den Beteiligten geben und nicht zuletzt müssen Sie wissen, welchen Standpunkt Sie vertreten und wie Sie diesen kommunizieren.

Auch in Deutschland gibt es Kollegen und Mitarbeiter, die sich problematisch verhalten, zu denen man einfach keinen guten Kontakt findet. Dies dann im internationalen Kontext immer sofort mit interkulturellen Besonderheiten begründen zu wollen, ist zu einfach gedacht und lenkt eventuell vom eigentlichen Problem ab. So können Sie sich noch so gekonnt verbeugen und Meister im Essen mit Stäbchen sein, wenn Ihr Projekt für die Japaner nicht überzeugend ist, hilft dies alles nichts. Daran kann auch das beste interkulturelle Training nichts ändern.

Interkulturelles Wissen ist sehr wichtig, aber bei weitem nicht alles.

Zum Gebrauch dieses Buches

Jedes Kapitel ist nach demselben Muster aufgebaut, um Ihnen eine schnelle Orientierung zu ermöglichen:

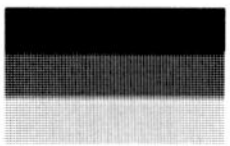

Die deutsche Flagge symbolisiert die deutsche Sichtweise und die deutschen Einstellungen zum jeweiligen Thema.

Die japanische Flagge symbolisiert die japanische Sichtweise und die japanischen Einstellungen zum jeweiligen Thema.

Die Glühbirne weist auf Fallbeispiele und deren Erläuterung hin. Alle aufgeführten Fallbeispiele sind wahre Fälle, die ich oder meine Kunden und Geschäftspartner so erlebt haben. Natürlich wurden alle Namen und Begebenheiten anonymisiert.

Der Schraubenschlüssel zeigt an, dass Sie hier Tipps für die Praxis finden. Diese Tipps sollen es Ihnen ermöglichen, schnell Handlungshinweise zu Themen zu finden, die für Sie besonders interessant sind.

Auch wenn Ihnen vielleicht der eine oder andere Tipp selbstverständlich erscheint: Ich habe in meiner Praxis alle hier aufgeführten und nicht ausgelassene Fettnäpfchen erlebt.

Der Smily zeigt an, dass hier ein deutsch-japanischer Witz erzählt wird und seine kulturellen Hintergründe erläutert werden.

Die Sicht auf den Anderen

Wie sehen wir Deutsche die Japaner?

Zum Einstieg ein Witz

Managerseminar: Am ersten Tag trifft sich eine Gruppe internationaler Teilnehmer zu einem Test ihres Allgemeinwissens. „Der Modus ist einfach“, erklärt der Seminarleiter, „ich nenne ein Zitat, sie sagen mir, wer es wo und wann gesagt hat. Fangen wir gleich an: ‚Vom Eise befreit sind Strom und Bäche...‘“ Im Saal herrscht eisiges Schweigen, bis sich ein kleiner Japaner meldet: „Johann Wolfgang von Goethe, Faust, Osterspaziergang, 1806.“ Die Teilnehmer murmeln anerkennend, der Seminarleiter nennt das nächste Zitat: „Der Mond ist aufgegangen, die goldnen Sternlein prangen...“ Wie aus der Pistole geschossen kommt vom Japaner: „Matthias Claudius, Abendlied, 1782.“ Die anderen Teilnehmer sehen betreten zu Boden, als der Seminarleiter wieder loslegt: „Festgemauert in der Erden...“ „Schiller", strahlt der Japaner, „Das Lied von der Glocke, 1799.“ Die Manager sehen sich blamiert. In der ersten Reihe murmelt einer der Teilnehmer: „Scheiss-Japaner!“ Wieder ertönt die Stimme von ganz hinten: „Max Grundig, CeBit, 1982!“

Es gab eine Zeit der gefühlten Demütigung des Westens durch Japan in den späten 70ern und den 80er Jahren. Die japanische Wirtschaft wurde in dieser Zeit als große Bedrohung gesehen, man warf den Japanern die Verbreitung von Plagiaten und die Errichtung einseitiger Handelsschranken vor. Dem ging ein starkes Unterschätzen und Belächeln der japanischen Bestrebungen nach Beteiligung am Welthandel von westlicher Seite voraus. In der Zwischenzeit ist Japan für Europa zu einem wichtigen Handelspartner geworden, es herrscht Rechtssicherheit in Japan, Japan ist eine Demokratie mit freien und geheimen Wahlen und die einstigen Handelsschranken sind weitgehend aufgehoben. All dies führte zu einer stabilen und erfolgreichen Zusammenarbeit vieler deutscher mittelständischer Firmen und großer Konzerne mit Japan.

Daneben spielt dieser Witz auch mit dem Klischee, dass Japaner extrem gebildet sind. Dieses Klischee stimmt in sehr vielen Fällen. Die meisten Japaner werden beispielsweise während ihrer Schulzeit an einem klassischen Instrument ausgebildet und haben dadurch europäische Komponisten kennen gelernt. Auch die deutsche Sprache lernen viele Japaner an der Universität für einige Zeit. Bildung ist in der japanischen Gesellschaft ein extrem wichtiger Faktor, auch getragen durch den Konfuzianismus. Kinder an guten Schulen ausbilden zu lassen, ist enorm teuer, aber die Eltern sehen diese Ausgaben als unerlässlich an. Auch nach der Schule sind Japaner bis ins hohe Alter der Meinung, dass man immer Neues dazu lernen sollte.

„Wie sind Japaner?" Bei Befragungen in meinen Seminaren mit den Mitarbeitern deutscher Firmen werden fast immer folgende Aussagen gemacht:

- Klein
- Schwarze Haare
- Unangenehmer Händedruck
- Verbeugen sich ständig
- Sprechen leise
- Wenig Blickkontakt
- Höflich
- Freundlich
- Kindisch
- Zuverlässig
- Gewissenhaft
- Umständlich

Alle diese Beobachtungen stimmen natürlich, es gibt keine falschen Antworten. Jeder von uns nimmt andere Menschen auf eine bestimmte Art und Weise und unter bestimmten Umständen wahr. Meist treffen wir im Geschäftsleben auf Japaner, die in Tokio und Umgebung leben und arbeiten, aber beispielsweise Japaner aus dem Süden des Landes sind im Durchschnitt keineswegs leise und zurückhaltend. Jeder Japaner ist natürlich auch differenziert als Individuum zu betrachten.

Wir äußern also bei dieser Frage häufig Stereotype. Wichtig ist, sich darüber klar zu werden, mit welchen Stereotypen wir Japaner beurteilen. Diese Klischees sind nicht zwangsläufig negativ, sie helfen, sich schnell zurechtzufinden. Wir müssen aber bereit sein, sie zu hinterfragen und zu korrigieren.

Auf den ersten Blick wirken die getroffenen Aussagen neutral und freundlich. Selten werden wirklich negative Dinge genannt. Es fällt auf, dass am Anfang immer Äußerlichkeiten angesprochen werden, die scheinbar unverfänglich sind. Bei genauer Betrachtung zielen diese Beobachtungen aber auf wesentlich tiefere Einschätzungen als gedacht.

Wenn wir einen uns unbekannten Menschen treffen, haben wir gelernt, ihn in wenigen Sekunden einzuschätzen. ‚Der erste Eindruck ist der Wichtigste' heißt es und es fällt uns meist schwer, diesen ersten Eindruck zu korrigieren.

Deutschland

Im deutschen Kulturkreis sind die wichtigsten Merkmale für den ersten Eindruck: Körpergröße, Körperhaltung, kräftige Stimme und selbstbewusstes Auftreten, das sich auch durch den Händedruck und den Augenkontakt äußert.

Auf der deutschen Seite besteht die Tendenz, Japaner als wenig selbstbewusst und schwach einzuschätzen. Die Gefahr, Japaner nicht ernst zu nehmen, basiert auf folgenden Wahrnehmungen: die freundlichen leisen Stimmen, das sich Verbeugen, was scheinbar einem sich Kleinmachen gleichkommt, das oft mangelhafte, zumindest schwer verständliche Englisch, gespickt mit zahlreichen Entschuldigungen.

Japan

Im japanischen Kulturkreis sind dagegen die wichtigen Merkmale eines guten ersten Eindrucks: Wahren der äußeren Form durch korrekte Verbeugung, höfliche, angemessene Sprache und Stimme, korrektes und gepflegtes Äußeres, knapper Blickkontakt.

Dies birgt auf der japanischen Seite die Gefahr, unser Verhalten schnell als ungehobelt und bedrängend einzuschätzen. Das laute, selbstbewusste Englisch sprechen, der oft schmerzhafte Händedruck bei meist zu wenig Körperabstand lässt Japaner schnell den Schluss ziehen, es mit Menschen zu tun zu haben, die ihnen nicht unbedingt wohlgesonnen sind. Japaner brauchen 20-40 Zentimeter mehr Körperabstand als wir Deutsche. Auch Körperkontakt wie beidhändiges Händeschütteln, mit einer Hand am Ellenbogen des Partners oder eine Hand auf die Schulter legen führt schnell zu einem unangenehmen Gefühl. In neuerer Zeit gibt man sich heute deutlich öfter die Hand, auch um Absprachen zu bekräftigen.

Aus der Praxis

Rückmeldung eines Teilnehmers: Bei einer Nachbesprechung eines Ausreisetrainings, 8 Monate nach dem Antritt seiner neuen Aufgabe, äußerte ein deutscher Expatriate auf die Frage, welche Schwierigkeiten er als besondere Herausforderung sieht: „Ich stelle fest, dass ich meine japanischen Kollegen und Vorgesetzten nicht ernst nehme. Mein Vorgesetzter ist ein kleiner, freundlicher Mann und diese Äußerlichkeiten haben es mir enorm erschwert zu sehen, dass er ein brillanter Ingenieur und kompetenter Vorgesetzter ist.“

Hier wird eine sehr typische Problematik beschrieben. Wir Deutsche fühlen uns Japanern gegenüber schnell überlegen und neigen dazu, dies auch zu zeigen, z.B. indem wir Dinge schnell über die Köpfe der Japaner hinweg regeln wollen.

Für die Praxis

- Halten Sie sich im eigenen Auftreten und in der Einschätzung der japanischen Seite zurück.
- Bedrängen Sie Japaner nicht körperlich, außer einem leichten Händedruck ist Körperkontakt tabu.
- Unterschätzen Sie Ihr japanisches Gegenüber nicht.
- Urteilen Sie nicht zu schnell über Ihre japanischen Kollegen.

- Fragen Sie sich, ob Sie mit Ihren japanischen Partnern wirklich respektvoll umgehen und sie ernst nehmen. Vorsicht: Auch ein innerliches Belächeln zeigt sich in einem unerwarteten Moment deutlich wahrnehmbar.
- Bedenken Sie, dass Japaner Geschäftsleute sind, die Ziele wie wir verfolgen. Sie wollen überzeugt werden und einen Nutzen für sich und ihr Unternehmen sehen, wenn sie mit uns zusammenarbeiten.

Ein Monument der Moderne neben der gelebten Tradition: The National Art Center Tokyo, entworfen von Kisho Kurokawa, 2007 eröffnet.

Wie sehen Japaner uns Deutsche?

Leider konnte ich keinen japanischen Witz über uns Deutsche ausfindig machen. Dieses Fehlen drückt natürlich etwas aus. Japaner machen vor allem Witze über sich selbst, wobei Situationskomik und Witze über falsch verstandenes Japanisch aufgrund Doppeldeutigkeiten im Vordergrund stehen. Sich über andere lustig zu machen, finden Japaner meist nicht witzig.

Japaner äußern auf die Frage, wie sie Deutsche sehen:

- Freundlich
- Offen
- Logisch
- Fleißig
- Pünktlich
- Seriös
- Mögen Regeln
- Stur
- Zu direkt
- Zu seriös

Dazu kommen noch die Klischees von klassischer Musik, Fußball, Bier, Wurst, Neu-Schwanstein, Autos und Technik im Allgemeinen.

Eine Umfrage des Landes Nordrhein-Westfalen im Jahre 2002, bei der 250 japanische Führungskräfte nach ihrem Deutschlandbild befragt wurden, ergab, dass Deutschland sehr beliebt ist. 42 % der Befragten fanden Deutschland sehr sympathisch und 54 % eher sympathisch. Großbritannien hielten 21% für sehr sympathisch und die USA 18%. Allerdings ist Deutschland bei den wichtigsten Handelspartnern weit abgeschlagen, denn 85% schätzen die USA, 11% China und lediglich 2% Deutschland als wichtigen Partner ein

Wenn man solche Umfragen erweitert, stellt sich heraus, dass vor allem bei jungen Japanern Deutschland an Bedeutung verliert. Die deutsche Sprache an Oberschulen und Universitäten wird vom Chinesischen abgelöst, auch Ärzte müssen heute kein Deutsch mehr sprechen. Während die ältere Generation noch die deutschen Klassiker und Philosophen kannte und oft auf Deutsch las, interessieren sich die jungen Japaner für moderne Kultur und Lifestyle und hier verlieren wir in unserer Eigendarstellung gegenüber den USA, Frankreich und Italien. Aus diesem Grund gab es im Jahr 2005/2006 ein Deutschlandjahr in Japan mit zahlreichen Veranstaltungen im ganzen Land.

Obwohl Deutschland beliebt ist, fällt es auch deutschen Unternehmen schwer, japanische Mitarbeiter zu finden. Dies hat unter anderem zu tun mit dem japanischen Wunsch, Unsicherheiten zu vermeiden(siehe Kapitel Entscheidungsfindung).

Die Japaner, die sich gezielt bei ausländischen, beziehungsweise deutschen Unternehmen bewerben, haben meist einen guten Grund dafür. Manche haben mit ihren Eltern in Deutschland gelebt und möchten den Kontakt zu Deutschland nicht verlieren. Andere haben im Ausland studiert und danach Schwierigkeiten, von einem traditionellen japanischen Unternehmen eingestellt zu werden, weil sie älter sind als andere Absolventen oder als zu individualistisch eingeschätzt werden. Manchmal sind es auch sehr dramatische Gründe wie schwere Krankheiten, die einen Universitätsabschluss verzögern und dadurch Probleme bei der Jobsuche bei japanischen Unternehmen verursachen. Diese Mitarbeiter sind zwar anders, aber dadurch nicht unbedingt schlechter.

In einigen Fällen möchte man allerdings auch von den legendär langen Urlaubszeiten und den vermeintlich kurzen Arbeitszeiten in deutschen Unternehmen profitieren. Dies gilt es möglichst im Vorfeld herauszufinden.

Im Geschäftsalltag finden es Japaner meist nicht unangenehm, mit Deutschen zusammenzuarbeiten. Sie selbst bezeichnen sich manchmal als die ‚Preußen Asiens‘ und hoffen auf viele Gemeinsamkeiten in den Arbeitsauffassungen. In den meisten Fällen funktioniert die Zusammenarbeit auch tatsächlich gut.

Aus der Praxis

Ein von mir erlebter Fall: Während der Schulung einer großen japanischen Gruppe nutzte ein Teilnehmer die Präsentation der Gruppenarbeit dazu, vor dem gesamten Plenum seine Unzufriedenheit über die Veranstaltung zum Ausdruck zu bringen. Dies tat er mit überdeutlichen Worten und einer auch für deutsche Ohren aggressiven Art. Die Folge war betretenes Schweigen der Teilnehmer und ein negativer Abschluss der Veranstaltung. Ein hochrangiger Vorgesetzter rief den Japaner zur Mäßigung, was dieser mit den Worten: „I am just direct" beantwortete.

Dieser Fall zeigt sehr deutlich, dass scheinbar einfache Verhaltensregeln bei genauer Betrachtung hoch kompliziert sind. Deutsche sind tatsächlich sehr direkt in bestimmten Situationen, aber dennoch gibt es Regeln und ein Gespür dafür, was angemessen ist und wann sich jemand unangemessen verhält. Es gibt kein Handbuch, das Aufschluss darüber gibt, wo und wann man wie direkt agieren kann, aber wir lernen im Laufe unserer Erziehung, was uns nutzt und was uns eher schadet. Dies ist ein lebenslanger Lernprozess, den Japaner in ihrer eigenen Kultur natürlich ganz anders erleben, da dort andere Parameter berücksichtigt werden müssen. In deutschen Unternehmen kommt es häufig vor, dass den japanischen Kollegen immer wieder geraten wird, offen zu sein und zu sagen, was sie denken. Hieraus folgern diese mitunter, dass jegliche Äußerung und Kritik zu jeder Zeit möglich ist. Dies kann zu Situationen führen, in denen sich alle unwohl fühlen und sich der Japaner, der tut, was man ihm ständig rät, selbst schadet, z.B. wenn er einen Vorgesetzten unangemessen kritisiert.

Fall einer Teilnehmerin: „Bei einem Besuch in der Firma meines Mannes wurde ich vor allem von einem Mitarbeiter, der viele Jahre in Amerika gelebt hat, wie Luft behandelt. Er sollte es doch besser wissen."

Wir leben in dem Glauben, dass man einige in fremden Kulturen erlernte Verhaltensweisen als gut anerkennt und adaptiert. Dies passiert nur in Einzelfällen. Viel häufiger ist, dass wir uns unserer eigenen Kultur plötzlich viel bewusster werden als wir es waren. Man spricht hier von ‚cultural self-awareness'. Wir Deutschen werden deutscher und die Japaner japanischer als vor dem Kontakt mit dem anderen Kulturkreis. Dies hängt damit zusammen, dass man ständig nach seiner Herkunft befragt wird, sich plötzlich über seinen Pass definiert und von den anderen entsprechend den Klischees eingeschätzt wird. Oft ist gerade bei Japanern auch ein duales Verhalten zu erkennen, je nach Situation verhalten sie sich westlich oder japanisch. Dies kann die Zusammenarbeit erschweren, weil solche Personen schwer zu berechnen sind.

Für die Praxis

- Gehen Sie an eine Zusammenarbeit mit Japanern möglichst unbefangen heran. Wir sind uns grundsätzlich sympathisch, der Rest muss sich aus einer guten und vertrauensvollen Zusammenarbeit ergeben.
- Haben Sie nicht zu viel Angst davor, etwas falsch zu machen. Sie finden in den nachfolgenden Kapiteln Tipps, die helfen, die wichtigsten Fettnäpfchen zu vermeiden.

Es gibt klare Regeln, wer den Vortritt hat.

Das japanische Wertesystem

Umgang mit Wahrheiten

Honne

Bezeichnet die wirkliche Meinung einer Person, die sie normalerweise nicht einfach offen legt. Nur gegenüber Menschen, denen sie besonders vertrauen oder in besonderen Situationen äußern Japaner ihre *Honne*-Meinung.

Tatemae

Bezeichnet die Meinung, die Japaner in der jeweiligen Situation und mit den anwesenden Personen für die angemessene halten, um Harmonie zu wahren und keinen Gesichtsverlust zu erzeugen.

Bill Clinton soll vor einer Pressekonferenz zu dem neben ihm sitzenden Boris Jelzin gesagt haben: „Der Japaner lügt. Er sagt ‚ja', wenn er ‚nein' meint". Leider waren die Mikrofone geöffnet.

Dieses Zitat wirft die Frage auf, was in verschiedenen Kulturen als Lüge betrachtet wird.

Deutschland

Hier gilt es als Wert, aufrichtig zu sein. Wir wägen natürlich auch sehr genau ab, wann und wo wir unsere Meinung äußern können, aber im Sinne der allgemeingültigen Moralvorstellung ist es nicht positiv angesehen, sich zu bestimmten Themen flexibel zu äußern. Wir erwarten von anderen, dass sie eine uns gegenüber geäußerte Meinung auch vor weiteren Personen vertreten und nicht plötzlich ändern. Passiert dies, so wird dieser Mensch in unseren Augen unberechenbar und unverlässlich. Normalerweise handeln wir nach der Maxime: Wir tun was wir sagen und wir sagen was wir tun. Wir hören aber deshalb auch nur das wirklich Ausgesprochene, zwischen den Zeilen zu lesen fällt uns schwer.

Wir zahlen mitunter auch bewusst den Preis, andere zu verletzen, wenn wir aufrichtig sind. Dies geschieht vor allem im Geschäftsleben meist unter den Stichworten ‚Sachlichkeit' oder ‚konstruktive Kritik'. Wenn jemand darauf verletzt reagiert, wird ihm mitunter mangelnde Konfliktfähigkeit vorgeworfen. Wir lernen von Kindheit an, auf unsere Belange aufmerksam zu machen und eigene Interessen deutlich auszusprechen. Wir erlernen in unserer Ausbildung Regeln zum Diskutieren und in Meetingräumen hängen oft die Grundsätze des konträren Diskutierens, wie ‚den anderen aussprechen lassen' oder die Regeln des Feedbackgebens. Auf diese Art und Weise nähern wir uns auch Problemlösungen an. Die gemeinsame Diskussion hilft, andere Gesichtspunkte zu beachten und effektiver Probleme anzugehen. Meist gewinnt derjenige mit den besseren Argumenten die Oberhand.

Aber auch in unserer Kultur gibt es natürlich viele Wahrheiten, die nicht ausgesprochen werden können. Ein Ventil bei uns ist der Karneval, der in Zeiten entstand, als Aufbegehren gegen die Obrigkeit noch streng bestraft wurde. Bis heute werden bei dieser Gelegenheit Dinge ausgesprochen und bei den Straßenumzügen gezeigt, die außerhalb des Karnevals Skandale auslösen würden. Es scheint noch immer Bedarf zu geben.

Japan

Unsere westliche Offenheit wird oft als verletzend und unangemessen empfunden. Es geht in der japanischen Kultur nicht um das Individuum und dessen Geschick, seine Meinung zu äußern und durchzusetzen, es geht um das Wohl der Gruppe. Japaner lernen ab dem Kindergarten, ihre eigenen Belange und Interessen hinter die der Gruppe zu stellen. Es gibt in allen Institutionen ältere Menschen, die mehr Erfahrung haben und über mehr Wissen verfügen, an deren Meinung man glaubt und ihr meist folgt. In Meetings wird äußerst selten konträr diskutiert. Wer nicht in der Lage ist, seine Gefühle und seine Meinung zu kontrollieren, gilt als selbstsüchtig. Wenn man seine Meinung sagen möchte, tut man dies in kleinen Gruppen oder unter der Ausrede des Alkohols am Abend. Der Genuss von Alkohol erlaubt es, die eng gesteckten Regeln zu übertreten (siehe Kapitel Informelle Treffen).

Aus der Praxis

Fall eines Teilnehmers: Eine deutsche Delegation flog nach Japan um dort eine Präsentation zu halten. Es ging dabei um die Darstellung einer möglichen, zukünftigen Zusammenarbeit. Die deutsche Gruppe wurde sehr freundlich empfangen und fühlte sich schnell unter Gleichgesinnten. Während der Präsentation waren die Japaner interessiert, machten viele Notizen, nickten häufig und äußerten ab und zu ein ‚*hai*' (ja). Im Anschluss an den Vortrag gab es die Möglichkeit, Fragen zu stellen. Keiner der Anwesenden hatte noch Fragen. Die Atmosphäre war nach wie vor ausgesprochen gut und deshalb entschloss sich der deutsche Delegationsleiter, die Sache voran zu bringen und fragte: „Wann wollen wir mit der Zusammenarbeit beginnen?" Danach herrschte zunächst eisiges Schweigen. Der japanische Delegationsleiter rang sich ein freundliches „we will think about and inform you soon" ab. Dies führte auf der deutschen Seite zu der Hoffnung auf eine zukünftige Partnerschaft, auch wenn man die Japaner hier als enttäuschend entscheidungsschwach empfand. Es kam nie zu einer Zusammenarbeit.

Hier spielen verschiedene Faktoren eine Rolle: Entscheidungsfindung, Kommunikation und *honne/tatemae*. Obwohl der deutsche Delegationsleiter grundlegende Regeln für ein solch formelles Treffen gebrochen hat, bleibt der Japaner freundlich und äußert seine *tatemae*-Meinung. Ein Japaner wird es in einer solchen Situation, in der viele Personen anwesend sind und manche durch offen geäußerte Meinung Gesicht verlieren könnten, nicht zu einer unangenehmen Situation kommen lassen. Es sind nie alle Entscheidungsträger anwesend, deshalb verbietet sich in einem solchen Meeting, auf eine Entscheidung zu drängen. Diese ist nicht möglich und auch nicht gewollt.

Anmerkung eines Teilnehmers: Er führt seit zwei Jahren in Japan eine Gruppe Japaner und Ausländer und äußerte: „Mein Gefühl für Meetings ist mir verloren gegangen."

Wir versuchen immer wieder, unsere Verhaltensmuster anzuwenden und aus dem Verhalten der anderen so zu schließen, wie wir es von klein auf gelernt haben. Vor allem in Stresssituationen fallen wir in unsere erprobten Muster zurück, weil wir sie als schnell und praktikabel kennen. Vor allem bei Japanern, die im Ausland gelebt haben und/oder gut Englisch sprechen, erwarten wir westliches Verhalten. Wir erleben es als frustrierend und unglaublich zeitraubend, mit anderen Verhaltensmustern umzugehen und haben gerade bei *honne* und *tatemae* oft einfach des Gefühl Bill Clintons: „Die Leute lügen".

Fall eines Teilnehmers: „Ich war geschäftlich mit Japanern unterwegs und wir übernachteten in einem Hotel. Alle waren bereits auf ihren Zimmern, als ein Japaner bei mir klopfte und mich fragte, ob wir gemeinsam noch etwas trinken möchten."

Der Deutsche sagte zu und erfuhr an diesem Abend wichtige Informationen, die im Büro sicher so nicht ausgesprochen worden wären. Beim Gespräch unter vier Augen fühlt sich der Japaner sicher und er geht davon aus, dass ihm das Äußern seiner Meinung nicht negativ ausgelegt wird.

Für die Praxis

- Verstehen Sie die indirekte Kommunikation der Japaner nicht als Unaufrichtigkeit im deutschen Sinn.
- Rechnen sie bei Meetings immer mit *tatemae*.
- Gehen Sie nicht aus einem formellen Meeting und berichten direkt Ihrem Vorgesetzten einen Erfolg. Warten Sie erst weitere Reaktionen ab.
- Verlangen Sie nach Präsentationen keine Entscheidungen oder Statements.
- Suchen Sie sich Vertraute, die Ihnen später Reaktionen der japanischen Seite erläutern.
- Auch Japaner ziehen sich nach Kundenmeetings zurück und beraten sich, was der Kunde tatsächlich meinte. Sie verstehen und wissen auch nicht alles und müssen Reaktionen hinterfragen.
- Wenden Sie ebenfalls *tatemae* an, z.B. wenn Sie etwas ablehnen wollen. Wir würden es als Notlüge bezeichnen,

wenn wir z.B. plötzliches Unwohlsein vorschützen, um uns aus einer schwierigen Situation zu befreien.

- Versuchen Sie, *honne*-Meinungen zu erfahren. Dies ist am besten unter vier Augen oder beim abendlichen *nominication* möglich (*nomi* = trinken, *nication* = communication) (siehe Kapitel Informelle Treffen). Wenn Sie mit einem Japaner alleine sind, werden Sie feststellen, dass die Gespräche schnell sehr direkt und offen werden können.
- Verstehen Sie Angebote von japanischer Seite zu außerbetrieblichen Unternehmungen nicht als Zeitverschwendung. Es könnte sich eine gute Gelegenheit ergeben, *honne* zu erfahren. Manchmal ist auch der Grund für eine Einladung, *honne* äußern zu wollen.

Familie und Firma – der Umgang mit der Gruppe

Ein Witz

Die deutschen und japanischen Führungsspitzen eines Unternehmens beschließen, jedes Jahr einen Ruderwettkampf gegeneinander auszutragen.

Bereits im ersten Jahr siegen die Japaner mit einem meilenweiten Vorsprung. Die deutschen Top-Manager sind wütend und beauftragen eine Unternehmensberatung mit der Verbesserung der Ruderstrategie. Im nächsten Jahr ist das japanische Boot schon im Ziel, bevor das deutsche überhaupt nur die Hälfte der Strecke hinter sich gebracht hat. Die sieben Steuermänner des deutschen Bootes beschweren sich beim Management über ihren Ruderer, der nicht genügend Motivation und Arbeitseinsatz gezeigt habe. Auch der Ruderer beschwert sich und verlangt, dass beim nächsten Rennen nur noch ein Steuermann und ansonsten Ruderer auf dem Boot sein sollten, so wie beim japanischen Boot auch.

Nach langen Diskussionen und intensiven Workshops mit der Unternehmensberatung beschließen die Manager, den Ruderer zu entlassen und das Gehalt der Steuerleute zu erhöhen, um mehr Anreiz zur Leistungssteigerung zu geben. Als im nächsten Jahr das deutsche Boot gar nicht losfährt, sondern mit den Steuerleuten einfach auf dem Platz vor sich hin dümpelt, wird eine andere Unternehmensberatung mit einer Analyse der Situation und einer Reorganisation des Teams beauftragt. Sie kommen zu folgendem Ergebnis: Die Japaner haben nur gewonnen, weil sie gerudert haben. Ansonsten haben aber die Deutschen die wesentlich bessere Organisation und Strategie. Unter diesen Gesichtspunkten ist der Gewinn der Japaner nicht besonders ernst zu nehmen, da ja auch die Deutschen bei Bedarf jederzeit rudern könnten. Insgesamt besteht also kein Handlungsbedarf, vielmehr sollten die Reorganisationsbemühungen intensiv vorangetrieben werden, um weiterhin die Spitzenposition im Management behaupten zu können.

Dies ist ein Witz über unsere deutsche Art manche Probleme anzugehen. Daneben geht er augenzwinkernd auf den in vielen großen Firmen alltäglich gewordenen Umgang mit Unternehmensberatern ein. Wo bei uns viel diskutiert und analysiert wird, wird in Japan schneller vom Einzelnen zugepackt und gemeinsam mit der Gruppe die Verantwortung übernommen. Der japanische Angestellte fühlt sich als kleiner, aber wichtiger Teil eines großen Ganzen. Er gehört zur wichtigen Gruppe der Firma und tut, was für die Firma gut und richtig ist. Seine eigenen Interessen stellt er dafür zurück. Er lebt in dem Bewusstsein, dass die Aufgabe eines Arbeiters ebenso wichtig für das Unternehmen ist wie die der Führungskräfte. Dies zeigt sich auch bei den Gehältern. Vorstandsvorsitzende verdienten 2014 in Japan etwa das 67fache des Grundeinkommens ihrer Mitarbeiter. In Deutschland das 147fache. Toyotas CEO Akiko Toyoda bezog laut Presseberichten 2016 ein Jahreseinkommen von 3,1 Millionen Euro und war damit der am wenigsten verdienende CEO der weltweiten Top 10 Autobauer.

Uchi

Dieser Begriff hat verschiedene Bedeutungen, neben ‚Haus' bedeutet er auch ‚innen', also zu einem inneren Kreis zugehörig, z.B. zu einer Firma oder einer Gruppe, auch die Familie kann gemeint sein.

Die wichtigsten *uchi* sind die Familie, die Universität und die Firma. Im *uchi* hat man sich ständig an vielfältige Regeln zu halten und sein Benehmen anzupassen. Die Sprache und die Tiefe der Verbeugung zeigen, wie man innerhalb der Gruppe zueinander steht. Wer hier Fehler macht, gilt als ungehobelt, ungebildet und gefährdet seine Karriere. Deshalb ist es unerlässlich zu wissen, mit wem man es zu tun hat, in welcher Position sich der andere befindet, um ihm angemessen gegenüber zu treten.

Gefühle zu zeigen ist außer im engsten Kreis der Familie nicht erwünscht und zeugt von mangelnder Selbstbeherrschung.

Gegenüber Ausländern empfinden sich Japaner auch als Vertreter des großen *uchi* Japan. Man bemüht sich sehr, einen guten Eindruck zu machen und im Notfall schnell behilflich zu sein.

Soto

Bedeutet ‚draußen' und wird auch in diesem Wortsinn benutzt. Es meint aber auch die Menschen, die nicht zu einer bestimmten Gruppe gehören. Hier verhalten sich Japaner meist auch höflich, versuchen nicht aufzufallen oder andere zu stören. Raucher führen beispielsweise einen tragbaren Aschenbecher mit sich, um keinen Abfall auf die Straße zu werfen. Aber im *soto* hat die Höflichkeit ihre Grenzen. Wenn es um einen Sitzplatz in einer überfüllten Vorortbahn geht, in denen japanische Pendler durchaus bis zu zwei Stunden nach Hause fahren, gilt das Gesetz des Schnelleren und Dreisteren. Grundsätzlich ist die Außenwirkung aber sehr wichtig.

Soto bedeutet auch, dass man in Notfällen lieber eine offizielle Person zu Hilfe ruft, als selbst einzuschreiten. Auch bei Unfällen neigen unbeteiligte Japaner dazu, einfach weiterzugehen. Dadurch werden aber auch die Rettungsdienste nicht von Neugierigen behindert.

Deutschland

Für uns ist Individualismus wichtiger als für Japaner. Dies drückt sich beispielsweise darin aus, dass das Einzelwohl mitunter über das Gemeinwohl gestellt wird. So kann ein einzelner Anwohner erreichen, dass ein jahrelang durchgeführtes Volksfest verboten wird. Deshalb ist es in unserer Kultur auch stärker akzeptiert, seine Persönlichkeit auszuleben. Es ist wichtig für uns und unsere Karriere, eine eigene Meinung zu haben und diese auch zu äußern. Wichtige Erziehungsziele deutscher Eltern sind Selbstständigkeit und Durchsetzungsvermögen. 74% der Eltern nennen 2017 diese als wichtige Erziehungsziele. (*http://de.statista.com*)

Auf unserem heutigen Staatsgebiet lebten zu allen Zeiten Menschen aus anderen Ländern, es gab immer Zuwanderung und Durchwanderung. Wir sind an Fremde gewöhnt. Menschen aus anderen europäischen Ländern werden heute oft kaum noch als Ausländer wahrgenommen. Dies alles bedeutet aber nicht, dass es in Deutschland einfach ist, Anschluss an Gruppen zu finden. Regional bedingt ist es in einigen Gegenden Deutschlands sicher kaum einfacher neue Freunde zu finden als in Japan, wenn auch unter anderen Vorzeichen.

Japan

Die japanische Gesellschaft wird oft als extrem verschlossen dargestellt. Das hat damit zu tun, dass Japaner auch heute noch wesentlich gruppenorientierter sind als wir Deutsche und in ihren Gruppen wenig Einfluss von außen zulassen.

Eines der wichtigsten Erziehungsziele in japanischen Bildungsstätten ist der Umgang mit der Gruppe und das Unterordnen der eigenen Bedürfnisse unter das Wohl der Gruppe.

Japaner haben lange Zeit in dem Bewusstsein leben müssen, dass Fremdes gefährlich ist, wenn sie denn überhaupt damit in Berührung kamen. Ab Anfang des 17. Jahrhunderts bis Mitte des 19. Jahrhunderts, in einer Zeit, in der es auf der Welt große Ein- und Auswanderungswellen gab, war Japan 250 Jahre lang fast komplett abgeschottet.

Aber es geht hierbei nicht nur um Fremdes im Sinne von Ausländern, es geht um alle Menschen, die man nicht kennt. Die *Tokugawa*-Regierung (1600-1854) hatte viele Gesetze erlassen, die verhinderten, dass man mit fremden Menschen in Berührung kam, z.B. solche, die es den japanischen Dorfbewohnern verbat, ihre engere Umgebung zu verlassen. (siehe Kapitel Grundzüge der japanischen Geschichte)

Japan hatte zu keiner Zeit größere Gruppen an Zuwanderung oder Durchwanderung, natürlich auch bedingt durch die Insellage. Man musste Fremdes fast nie in seiner Mitte akzeptieren. Eine Ausnahme stellten die Zwangsarbeiter aus China und Korea dar, die sich aber sehr schnell assimilierten.

Dies wirkt bis heute nach. Der Ausländeranteil liegt heute unter 2%. Wenn man in touristisch wenig erschlossenen Gebieten unterwegs ist, kann es passieren, dass man auf die Frage, ob hier oft Ausländer sind, die Antwort erhält: „Sie sind die ersten". Diese Aussage ist normalerweise mit großer Freude und ehrlichem Interesse an den Fremden verbunden. Einzig die Angst vor unmöglicher Verständigung lässt Japaner dann manchmal ablehnend wirken.

Aus der Praxis

Anmerkung eines Teilnehmers: „Ich erlebe Japaner bei Geschäftsreisen als sehr unkompliziert, freundlich und wenig verschlossen.“

Japaner sind uns gegenüber freundlich und aufgeschlossen. Zum einen hängt das damit zusammen, dass man in einem freundlichen Rahmen zunächst einfach erste Kontakte knüpfen möchte und den anderen unvoreingenommen kennen lernen will. Außerdem könnten wir als Kunde, Lieferant oder Kollege ein Teil ihres *uchi* werden oder sind es bereits und deshalb wird entsprechend regelkonform mit uns umgegangen.

Wir müssen uns aber immer wieder als glaubwürdig und vertrauenswürdig beweisen und bewähren, auch wenn wir uns mitunter schon in das *uchi* aufgenommen fühlen.

Fall eines Teilnehmers: „Ich fühle mich nicht in der Gruppe akzeptiert. Wenn ich morgens in mein Büro in Japan komme, interessiert sich niemand für mich, noch nicht einmal, wenn ich drei Wochen im Urlaub war.“

Es ist in Japan nicht üblich, Privates und Geschäftliches am Arbeitsplatz zu verknüpfen. Lediglich in der Mittagspause oder bei abendlichen informellen Treffen werden Gespräche über private Themen geführt. Es gibt zum Beispiel keine kleinen Geburtstagsfeiern im Büro, wie es in Deutschland häufig vorkommt. In Japan wird kein Alkohol in der Firma getrunken. Auch Einstands- oder Ausstandsfeiern werden nicht im Büro abgehalten. Diese werden von den Kollegen organisiert und finden in einem Lokal statt. Eine Ausnahme von dieser Regel sind Mitbringsel von einer Reise für die Kollegen. Süßigkeiten, bei denen alle zugreifen können, werden am bekannten Ort im Büro aufgestellt. Kleine Geschenke überreicht man kurz oder stellt sie auf den Schreibtisch (siehe Kapitel Geschenke).

Frage eines Teilnehmers: „Heute fliegen die Japaner am japanischen Totenfest *obon* doch auch lieber nach Hawaii als traditionellerweise zum Familiengrab. Wie passt das zusammen mit der Wichtigkeit der Gruppe?“

Im privaten Bereich hat es durchaus Veränderungen gegeben. Es stimmt, dass vor allem in den Städten die Kleinfamilien zunehmen und die traditionellen Familienpflichten in den Hintergrund treten. Daneben stellt aber die Firma unverändert einen extrem wichtigen inneren Kreis für alle Angestellten dar. Daran hat sich wenig geändert. Bis heute legen Personalabteilungen großen Wert darauf, dass ihre Mitarbeiter in der Lage sind, sich in die jeweilige Gruppe einzufügen. Für Beförderungen spielen Loyalität, das Einfügen und das Unterordnen der individuellen Bedürfnisse gegenüber den Gruppenbedürfnissen eine große Rolle. Natürlich ist auch die Leistung am Arbeitsplatz wichtig, aber: Ohne tadelloses Sozialverhalten sind Beförderungen ausgeschlossen.

Fall eines Teilnehmers: Er spricht gut japanisch und kaufte eine Fahrkarte auf einem großen Bahnhof. Alles wurde in japanischer Sprache geklärt: Welcher Bahnsteig, Nichtraucher, Sitzplatzreservierung. Bis zur Abfahrt des Zuges waren es nur noch drei Minuten und es war keine Gelegenheit mehr, sich noch lange zu orientieren. Obwohl sich der Kunde offensichtlich gut in Japan auskannte, ließ es sich der Angestellte nicht nehmen, seinen Schalter kurz zu schließen und den Deutschen schnell zum richtigen Zug zu bringen.

Japaner sind meist sehr hilfsbereit. Auch Passanten helfen schnell, wenn sie merken, dass wir uns z.B. verirrt haben. Fast jeder, der schon einmal in Japan war, hat solche Dinge erlebt. Unbewusst möchten sie ihr größtes *uchi* Japan, auf das sie sehr stolz sind, nach außen gut vertreten. Sie haben aber auch ein gutes Gefühl dafür, dass wir mit vielen Dingen Probleme haben, die Schrift nicht lesen können oder die Durchsagen nicht verstehen und helfen, wenn sie können, selbst mit rudimentären Englischkenntnissen: Dann wird man zur Not per Handzeichen zur richtigen Straßenkreuzung begleitet.

Für die Praxis

- Stellen Sie sich darauf ein, dass Japaner am Anfang meist höflich zurückhaltend sind.
- Nutzen Sie Gelegenheiten, sich als verlässlicher Geschäftspartner zu präsentieren. Dazu müssen die Informationen, die Sie weitergeben, unbedingt stimmen.
- Versuchen Sie, Ihre japanischen Partner besser kennen zu lernen.
- Lehnen Sie nicht ab, wenn Japaner Sie zu außerbetrieblichen Aktivitäten einladen.
- Geben Sie Ihre Familie nicht als Grund an, wenn Sie z.B. Termine nicht einhalten können. Ein Geburtstag, Einschulung, Arztbesuch etc. sind Frauensache und für einen männlichen Kollegen kein akzeptierter Grund, einen Kunden zu vertrösten. Schwere Erkrankungen sind natürlich davon ausgenommen. Auch Beerdigungen werden sehr wichtig genommen. Es ist üblich, gemeinsam den betroffenen Kollegen zur Beerdigung zu begleiten.
- Erzählen Sie private Dinge abends beim Ausgehen mit den Kollegen.
- Erwarten Sie keine persönlichen Gespräche am Arbeitsplatz.
- Laden Sie nach Rücksprache mit einem Ihnen vertrauten Kollegen alle Kollegen zu einem informellen Treffen in eine *izakaya* (Kneipe) ein und übernehmen Sie zum Beispiel die Getränkekosten, wenn Sie etwas feiern möchten.
- Setzen Sie sich zum Ziel, sich dem *uchi* der Japaner anzunähern, im besten Fall sogar als Mitglied akzeptiert zu werden.
- Verhalten Sie sich in schwierigen Situationen loyal gegenüber den japanischen Kollegen, zeigen Sie beispielsweise notfalls auch am Wochenende Präsenz.
- Werden Sie nicht zum Japaner, aber passen Sie sich in den wichtigsten Belangen, die zu einem guten Gruppengefüge gehören, den Japanern an.

In der Gruppe sind Absprachen enorm wichtig.

Entscheidungsfindung

Die japanische Entscheidungsfindung ist, wie viele andere typisch japanische Verhaltensweisen, tief geprägt von dem Wunsch nach Unsicherheitsvermeidung.

An dieser Stelle finden Sie den ersten Hinweis auf die Forschungen von Geert Hofstede, einem niederländischen Experten für Kulturforschung. Hofstede leistete in den 70er Jahren Pionierarbeit, indem er eine bis heute einmalige Untersuchung bei Mitarbeitern der Firma IBM in 50 Ländern weltweit durchführte. Hieraus entstanden die in diesem Buch aufgeführten ersten vier Kulturdimensionen Hofstedes, die durch weitere Forschungen ständig aktualisiert wurden. Diese sind: Unsicherheitsvermeidung, feminin/maskulin, Machtdistanz, Kollektivismus/ Individualismus. Die weiteren Kulturdimensionen finden Sie bei den Kapiteln ‚Frauen', ‚Erwartungen an einen Vorgesetzten', ‚Erwartungen an einen Mitarbeiter'.

Den Umgang einer Gesellschaft mit Unsicherheiten, die das tägliche Miteinander mit sich bringt, hat Geert Hofstede in seinem im Jahre 2011 in fünfter Auflage erschienenen Standardwerk ‚Global denken, lokal handeln' als Unsicherheitsvermeidung bezeichnet (siehe Kapitel Literaturhinweise). Hofstede geht bei seiner Grundüberlegung davon aus, dass die von ihm beschriebenen Kulturstandards in allen Kulturen vorhanden sind, aber in stark unterschiedlicher Ausprägung.

Für Hofstede sind, unter zahlreichen anderen, folgende Merkmale Kennzeichen einer eher schwachen Unsicherheitsvermeidung oder einer eher starken Unsicherheitsvermeidung.

Schwache Unsicherheitsvermeidung

- Unsicherheit ist eine normale Erscheinung im Leben und wird hingenommen.
- Was anders ist, ist seltsam.
- Es sollte nicht mehr Regeln geben als notwendig.
- Präzision und Pünktlichkeit müssen erlernt werden.
- Die Menschen sind glücklich.

- Man macht sich weniger Sorgen um Geld und Gesundheit.

Starke Unsicherheitsvermeidung

- Unsicherheit wird als ständige Bedrohung empfunden, die es zu bekämpfen gilt.
- Was anders ist, ist gefährlich.
- Ein emotionales Bedürfnis nach Regeln.
- Präzision und Pünktlichkeit sind natürliche Eigenschaften.
- Die Menschen sind weniger glücklich.
- Man macht sich mehr Sorgen um Geld und Gesundheit.

Nach dem Punktesystem von Hofstede erhielt Deutschland 65 Punkte und Japan 92 Punkte. Die beiden Extreme sind: Griechenland mit höchster Unsicherheitsvermeidung bei 112 Punkten und Singapur mit niedrigster Unsicherheitsvermeidung mit 8 Punkten.

Interessant ist, dass europäische Länder wie Dänemark mit 23 Punkten und Schweden mit 29 Punkten einen deutlich größeren Abstand zu Deutschland haben als Japan.

Zwei entscheidende Dinge zeigen sich in Hofstedes Forschungen:

1. Die vermeintlich durch Faktoren wie Religion, geographische Lage und geschichtliche Gemeinsamkeiten näheren Kulturen sind in ihren Werteeinstellungen nicht automatisch nah an unseren eigenen Wertevorstellungen. Ein Volk wie die Japaner, dessen Land rund 10.000 km entfernt liegt und einen völlig anderen geschichtlichen und kulturellen Hintergrund hat, kann uns näher sein als unsere Nachbarvölker.

2. Man muss verstehen, dass die Beurteilung von kulturellen Werten vom eigenen Standpunkt abhängt. Was uns im Umgang mit Japanern angenehm ist, z.B. dass sie keine Scherze bei Präsentationen machen, kommt einem Amerikaner wahrscheinlich hölzern und unfreundlich vor. Oder die unbedingte Pünktlichkeit bei manchen Meetings wirkt auf uns zuverlässig, auf einen Spanier sicher übertrieben regelorientiert und unflexibel.

Nemawashi

Dieser Begriff kommt aus der Landwirtschaft und beschreibt das Einpflanzen von Reisstecklingen. Die Bewegung des Hineindrückens der Wurzeln in die Erde bezeichnet man als *nemawashi*.

Auf die Geschäftswelt übertragen bedeutet das, dass man zunächst nach und nach die betroffenen Personen über seine Ideen und anstehende Projekte informiert. Dies tut man geraume Zeit vor deren Präsentation in einem größeren Entscheidungsmeeting. Dadurch haben Japaner die Möglichkeit, sich ausführlich zu informieren, bevor sie ihre Meinung äußern. Sie streuen und teilen dabei auch ihre Informationen mit den anderen Kollegen. *Nemawashi* findet überall statt, neben Gesprächen im Büro kann man auch bei inoffiziellen Veranstaltungen auf die geplanten Projekte zu sprechen kommen.

Die Unterschiede in der Strategie der Entscheidungsfindung sind für Japaner häufig einer von verschiedenen Gründen, sich sehr zögerlich bei ausländischen Firmen zu bewerben.

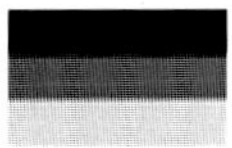

Deutschland

Ein Ziel unserer Ausbildung ist es, selbständig zu denken, eigene Ideen zu entwickeln und diese selbstbewusst durchzusetzen. Jeder sollte wissen, wessen Ideen erfolgreich sind, um daraus Karrierechancen für sich abzuleiten. Wir lernen, schnell auf unbekannte Situationen zu reagieren. Brainstorming hat in vielen Wirtschaftsbereichen seinen anerkannten Stellenwert als Möglichkeit, kreative Lösungen zu finden.

Besprechungen mit ausgewählten Kollegengruppen werden kritisch betrachtet. Ein Teilnehmer sprach nach seiner Rückkehr als Expatriate in Japan davon, dass man ihn der „konspirativen Sitzungen“ verdächtigte.

Entscheidungen werden meist top-down getroffen. Der Vorgesetzte gibt eine Entscheidung bekannt und die Diskussionen unter den Betroffenen beginnen häufig erst jetzt. Im Ergebnis ist die Umsetzung dadurch meist nicht schneller als in Japan, auch wenn wir subjektiv ein anderes Gefühl haben.

Japan

Japaner lernen während ihrer Ausbildung nicht, konträr zu diskutieren oder schnell auf Veränderungen zu reagieren. Sie mögen deshalb keine Überraschungen. Sie lernen in Schule und Universität vor allem, die Vorgaben des Lehrers möglichst genau nachzuahmen und bereits vorhandene, verfügbare Erfahrungen anderer anzuwenden. Es ist kein Ziel der japanischen Ausbildung, brillante und selbständig agierende Absolventen hervorzubringen. Ziel ist es, aus Erfahrungen zu lernen, diese mit anderen in kleinsten Gruppen zu teilen, zu besprechen und damit dem großen Ganzen zu dienen.

Entscheidungen werden meist bottom-up im Konsens mit allen Beteiligten getroffen. Jeder hat die Möglichkeit, seine Bedenken zu äußern und nach und nach findet man einen Konsens, den am Ende alle mittragen.

Aus der Praxis

Anmerkung eines Teilnehmers: „Japaner überhäufen uns immer mit Informationen. Häufig erhalten wie E-Mails mit einem sehr großen Verteiler, oft verbunden mit riesigen Anhängen. Wann soll man das alles lesen?“

Dieses Verhalten ist in Japan üblich. Jeder soll so umfassend wie möglich informiert sein. Toyota hat hierfür sogar einen Begriff: *Yokoten* (zur Seite ausrollen), was soviel bedeutet wie: Die wichtigen Informationen, egal ob positiv oder negativ, auch anderen Unternehmensteilen und Standorten zukommen lassen.

Die langen Arbeitszeiten der Japaner sind ein Mythos, der im Westen etwas überstrapaziert wird, dennoch arbeiten japanische Angestellte wesentlich länger am Abend als wir. Hinzu kommt, dass sie Informationen wie die oben beschriebenen auch außerhalb des Büros lesen, z.B. während der Zugfahrten oder nachts zu Hause. Nur wer gut informiert ist, kann sich im Vorfeld ein Bild machen, sich mit Kollegen austauschen und sich eventuell in einem Meeting zur Sache äußern.

Fall eines Teilnehmers: „In einem Metting äußerte mein Vorgesetzter auf die japanische Bemerkung, dass ja alle Anwesenden bereits vorab umfassend informiert worden seien ‚Ich hatte keine Zeit, es zu lesen'. Die Japaner konnten eine leichte Irritation über diese Auskunft nicht verbergen."

Westliche Gesellschaftsveränderungen und Begriffe wie Work-Life-Balance gewinnen in Japan zunehmend an Bedeutung, aber man erwartet immer noch bedingungslosen zeitlichen Einsatz seiner Mitarbeiter. Wenn Sie die achtstündige Zeitverschiebung berücksichtigen, werden Sie feststellen, dass sie auch mitten in der Nacht japanischer Zeit von dort noch Anrufe und Antworten auf E-Mails erhalten. Dagegen erscheint selbst ein 12- bis 14-Stunden-Tag eines deutschen Managers kurz.

Fall eines Teilnehmers: „Wir hatten ein Meeting mit einem japanischen Kunden. Es hat sich schnell herausgestellt, dass wir uns die Zeit hätten sparen können, da offensichtlich nicht alle Entscheidungsträger anwesend waren."

Diese Erfahrung ist im Umgang mit Japanern eher die Regel als die Ausnahme. Wir suchen in Meetings Entscheidungen und möchten dabei möglichst effizient sein, vor allem wenn diese Meetings auch noch mit Reisen verbunden sind. Japaner lassen sich normalerweise im Vorfeld von Entscheidungen wesentlich mehr Zeit. Ist die Entscheidung dann aber im Konsens mit allen getroffen, steht der raschen Durchführung nichts mehr im Weg.

Anmerkung eines japanischen Teilnehmers: „Wir besprechen uns vor den Meetings, uns ist die Meinung der anderen sehr wichtig, wir hören aufmerksam zu und versuchen zu einem gemeinsam getragenen Konsens zu finden. Die Deutschen halten hierfür hart geführte Entscheidungsmeetings ab."

Diese Einschätzung gab eine japanische Gruppe in einem Workshop auf die Frage, wie Deutsche und Japaner zu Entscheidungen kommen. Es war nach einer fast zweijährigen Zusammenarbeit deutlich zu spüren, dass es hier auf beiden Seiten Unverständnis darüber gibt, wie Entscheidungen getroffen werden und Information geteilt wird, denn auch die deutsche Seite äußerte, dass sie sich nicht in die Gespräche integriert fühle.

Für die Praxis

- Überraschen Sie Japaner nicht mit neuen Ideen.
- Informieren Sie möglichst viele Beteiligte im Vorfeld von Meetings über geplante Projekte oder Veränderungen.
- Stellen Sie Informationen zur Verfügung und gehen Sie davon aus, dass Ihre japanischen Kollegen diese lesen.
- Verändern Sie die Agenda nicht kurzfristig.
- Stellen Sie sich auf einen zeitaufwändigen Entscheidungsprozess ein; meist sind mehrere Meetings nötig.
- Fordern Sie vor allem bei Meetings oder Präsentationen mit Kunden keine Entscheidung. Dies ist nicht möglich, da nie alle Entscheidungsträger anwesend sind.
- Rechnen Sie bei Entscheidungsmeetings nicht mit lebhaften, konträr geführten Diskussionen.
- Nutzen Sie auch informelle Treffen, um sich für Ihre Projekte einzusetzen.

Für Entscheidungen wird ein Konsens gesucht.

Seniorität und Hierarchie

Koohai

Bezeichnet den Jüngeren, den Lernenden, die Person, die einer älteren (*senpai*) Respekt und Gehorsam zollt. Schon im japanischen Kindergarten gibt es dieses Patensystem, auch in Firmen ist es üblich, allen Älteren entsprechend respektvoll zu begegnen. Der *koohai* hat dabei viele Höflichkeitsregeln zu befolgen. Die entsprechende Verbeugung ist dabei ebenso wichtig wie die Verwendung von Höflichkeitsformen und die Erledigung kleiner Hilfsdienste.

Senpai

Bezeichnet den Älteren, den ‚Vor'gänger, die Person, die dem *koohai* Schutz und Fürsorge gewährt, sich um ihn kümmert. Vom *senpai* wird erwartet, dass er Vorbild ist und in schwierigen Situationen Hilfe leistet.

Deutschland

Bei uns wird der Begriff ‚Augenhöhe' immer wichtiger. Auch wenn es bei uns nach wie vor den Wert des Respekts vor Älteren gibt, ist jedoch ein weiteres Grundprinzip der Wirtschaft: Wer Leistung bringt, kommt voran. Es spielt dabei kaum eine Rolle, wie alt man ist. Wenn wir eine bestimmte Hierarchieebene erreicht haben, achten wir sehr darauf, dass uns auch alle dafür vorgesehenen Vorzüge gewährt werden. Status hat durchaus einen hohen Wert.

In deutschen Firmen kann man Gruppenleiter finden, die jünger als 30 Jahre sind. An Schulen und Universitäten sind alle Studenten per Du, gleichgültig, ob das Gegenüber ein gleichaltriger Student oder ein Seniorstudent ist.

Japan

‚Augenhöhe' gibt es nicht und wird auch nicht erwartet. Schon ab dem Eintritt in den Kindergarten lernen Japaner, sich anderen gegenüber angemessen zu verhalten. So sprechen japanische Studenten mit einem Studenten, der ein Jahr länger studiert als sie selbst in einer höflich-formellen Sprache, während der Ältere weitestgehend keine Höflichkeitsformen benutzt.

Das Einstiegsalter in eine Führungsposition ist wesentlich höher als in Deutschland. Bei Toyota beispielsweise wird ein Mitarbeiter frühestens im Alter von 40 Jahren Führungskraft. Vor diesem Karriereschritt muss der Betreffende eine schriftliche Arbeit anfertigen, in der er erläutert, was er an seinem zukünftigen Arbeitsplatz für Toyota, Japan und die Welt leisten möchte.

Status hat auch in Japan einen hohen Wert. In einer Mittelstandsgesellschaft, wie sie Japan auch heute noch ist, können sich viele bestimmte Statussymbole leisten. Das beginnt mit Marken wie Louis Vuitton und endet bei großen, meist deutschen Autos. Topmanager verdienen allerdings sehr viel weniger als ihre Kollegen in den USA oder Deutschland.

Aus der Praxis

Fall eines Teilnehmers: Ein hochrangiger, deutscher Manager ging in Ruhestand und seine Chefsekretärin informierte die direkten Partner weltweit über den Wechsel. Gleichzeitig lud sie die ausländischen Manager zu einem Treffen nach Deutschland ein, um den Nachfolger kennen zu lernen. Der japanische Partner antwortete nicht. Auf mehrmaliges Nachhaken reagierte er schließlich ruppig und unfreundlich und verweigerte eine Reise nach Deutschland.

Aus meiner Sicht fühlte sich der Japaner nicht hierarchiekonform angesprochen und reagierte deshalb entsprechend ungehalten. Für Japaner ist eine langfristige gute Beziehung absolut unabdingbar für gute Geschäfte. Auch in diesem Fall kannte man sich schon lange Zeit. Deshalb erwartete der Japaner, dass er bei einem solch bedeutenden Ereignis persönlich von seinem Kollegen angesprochen wird und nicht von einer Person, die aus seiner Sicht wesentlich unter ihm in der Hierarchie steht.

Fall eines Teilnehmers: „Wir befanden uns in der Erprobungsphase eines neuen Produkts. Viele deutsche Ingenieure waren vor Ort, allerdings keine höheren Führungskräfte. Zu einer Besprechung erschien ein hochrangiger Manager des japanischen Kunden. Dies störte uns nicht weiter und wir begannen ihm aus Sicht der Arbeitsebene zu erklären, welche Bedingungen an seinem Endprodukt noch verbessert werden sollten, um die von uns geforderten Funktionen erfüllen zu können. Der Manager wurde sichtlich ungehalten und verließ wütend das Meeting. Einer unserer japanischen Mitarbeiter folgte ihm zum Hotel und bat ihn um Entschuldigung. Diese Reaktion löste in uns Deutschen totales Unverständnis aus, da wir sie als anbiedernd und völlig übertrieben empfanden.“

Dieser Fall zeigt lehrbuchhaft wie Deutsche und Japaner mit dem Thema Hierarchie umgehen. Wo wir der Meinung sind, dass jeder Mitarbeiter offen und mit allen Hierarchieebenen fachliche Details austauschen kann, fühlt sich der japanische Manager beleidigt und nicht respektiert.

Fall eines Teilnehmers: „Für ein neues Projekt sollte in Deutschland ein Kick-off-Meeting stattfinden. Da das Geld sehr knapp war, beschlossen wir, nur die Kollegen einfliegen zu lassen, die direkt in der Entwicklungsebene arbeiteten. Der Gesamtprojektleiter war somit nicht eingeladen. Wir versuchten, dies mit Sparzwängen zu erklären, als er kurz vor der Reise sein Missfallen äußerte. Aus deutscher Sicht klang diese Lösung sehr gut. Im Anschluss hatten wir allerdings große Mühe und es erforderte viel Zeitaufwand, um den japanischen Projektleiter zu besänftigen. Es gelang uns am Ende mit einer Entschuldigung und einem persönlichen Geschenk an ihn.“

Nicht alles, was uns logisch und gut erscheint und Sinn ergibt, wird auch auf der japanischen Seite als sinnvoll erachtet. Es ist immer wichtig, die Japaner in seine Entscheidungen einzubeziehen. Wenn man hier dem Projektleiter im Vorfeld, in einem persönlichen Gespräch mit einem deutschen Kollegen derselben oder einer höheren Hierarchiestufe die Situation erklärt und ihn um seine Einschätzung gebeten hätte, wäre das Ergebnis ganz sicher anders ausgefallen. Vielleicht hätte es eine andere Lösung gegeben oder er hätte ebenfalls die Meinung geäußert, dass er nicht nach Deutschland reisen muss. In jedem Fall hätte er durch eine Beteiligung an der Entscheidung kein Gesicht verloren und wesentlich einfacher damit umgehen können. Dieser Gesichtsverlust war natürlich deutlich nach außen sichtbar, er wurde sicher gefragt: „Fliegen Sie nicht nach Deutschland?" Im schlimmsten Fall schafft man sich mit einer solchen Entscheidung im Alleingang einen Feind, der die Zusammenarbeit enorm erschweren kann.

Übrigens: auch ein deutscher Projektleiter hätte sich bei einem solchen Vorgehen übergangen gefühlt.

Für die Praxis

- Achten Sie streng auf Hierarchien.
- Informieren Sie sich, mit wem Sie zu tun haben und in welchen Hierarchieebenen sich Ihre Partner befinden.
- Lassen Sie den ersten Kontakt von Ihrem direkten Vorgesetzten herstellen, falls Sie innerbetrieblich einen höherrangigen Japaner ansprechen möchten.
- Überspringen Sie keine Hierarchieebenen, auch nicht, wenn es gute fachliche Gründe dafür gibt.
- Lassen Sie sich von einer den Japanern bereits bekannten Person einführen, wenn Sie eine neue Funktion übernehmen, im Idealfall von Ihrem Vorgesetzten oder Ihrem Vorgänger. Halten Sie sich dabei möglichst im Hintergrund und lassen Sie den Kollegen für Sie sprechen. Fallen Sie ihm dabei nicht ins Wort, auch nicht für Ergänzungen oder andere Details.
- Geben Sie sich bescheidener bei der Selbstvorstellung als Sie es in Deutschland tun würden. Verweisen Sie auf beiderseits bekannte Universitäten, Professoren oder Vorgesetzte.

Harmonie und Konflikte

Wa

Bezeichnet die Harmonie, die es unter allen Umständen zu wahren gilt. Konflikten wird völlig anders begegnet als in Deutschland.

Hierbei ist allerdings das Thema Hierarchie sehr stark zu beachten. Ein hierarchisch Höherstehender ist nach unten wesentlich direkter und weniger konfliktvermeidend als zwei Personen auf derselben Ebene oder nach oben.

Deutschland

In unserer Kultur sind Begriffe wie Konfliktfähigkeit, Diskussionskultur, konstruktive Kritik, Brainstorming, Durchsetzungsvermögen positiv besetzt. Wir haben gelernt, dass es uns und unsere Firma weiterbringt, wenn wir Dinge kritisch betrachten und uns auch fast jederzeit kritisch äußern können. Dabei sind natürlich bestimmte Spielregeln zu beachten, aber im Grundsatz sehen wir solches Verhalten als vorteilhaft an. Konflikte werden meist offen ausgesprochen und direkt ausgetragen. In der deutschen Sprache gibt es viele Redewendungen, welche auf die Wichtigkeit dieses Verhaltens hindeuten: ‚Jemandem reinen Wein einschenken', ‚ein reinigendes Gewitter', ‚reinen Tisch machen', ‚Tacheles reden' usw. Wir sind überzeugt davon, dass es zu psychischen und physischen Krankheiten führt, wenn wir Probleme und Konflikte nicht offen verarbeiten und aussprechen. Wenn wir ein Problem mit einem Kollegen haben, versuchen wir meist, es in einer direkten Aussprache zu beheben. Wenn dies nicht gelingt, schaltet sich eventuell der Vorgesetzte ein und versucht, alle beteiligten Parteien an einen Tisch zu holen.

Japan

Es wird sehr oft behauptet, dass im Japanischen kein Wort für ‚Nein' existiert. Dies stimmt natürlich nicht; es gibt eine Vielzahl an Möglichkeiten, Dinge abzulehnen und selbstverständlich auch

Worte für ‚Nein'. Allerdings wird es meist weniger direkt ausgesprochen als im Deutschen. Der Hintergrund dafür ist, dass ein klares ‚Nein' als unhöflich gilt und die Harmonie stört. Harmonie ist in der eigenen Gruppe oberstes Gebot. Wenn ein offener Konflikt zwischen Kollegen ausbricht, ist die Büchse der Pandora geöffnet, die sich bekanntlich nicht wieder schließen lässt. Kollegen, die einen offenen Konflikt austragen, werden in aller Regel in andere Abteilungen oder sogar Firmenteile versetzt. Japaner haben eine wesentlich höhere Konfliktschwelle als wir. Psychiater sind noch immer wenig verbreitet und japanische Angestellte versuchen, Konflikte nicht anzusprechen sondern auszusitzen. Wenn Japaner ein Problem mit einem Kollegen haben, wird zur Konfliktvermeidung oft eine dritte Person eingeschaltet. Diese Person kann der gemeinsame Vorgesetzte sein, der zu vermitteln versucht, ohne eine direkte Konfrontation der Beteiligten herbeizuführen. Auch ein anderer älterer Mitarbeiter, ein *senpai*, kommt für diese Mittlerrolle in Frage.

Aus der Praxis

Ein von mir erlebter Fall: Ein Japaner bat mich, seine Frau bei einem Behördengang in Deutschland zu begleiten. Es gab Probleme zwischen mir und der Beamtin, die wir sehr direkt und wenig freundlich austrugen. Nachdem alles geklärt war, lächelten und scherzten wir miteinander. Die Japanerin hatte sich in der Zwischenzeit körperlich immer kleiner gemacht und war einige Schritte zurückgetreten.

Japaner können mit offenen Konflikten sehr schlecht umgehen und leiden unter öffentlich ausgetragenen Diskussionen. Wenn es unter bestimmten Umständen doch einmal zu einem Streit kommt, ist es undenkbar, dass man anschließend wieder miteinander lacht. (siehe Kapitel Kommunikation)

Fall eines Teilnehmers: „Mein japanischer Kollege sitzt direkt hinter mir. Wenn er ein Problem mit mir lösen möchte, schreibt er mir eine unfreundliche Mail."

Da der Vorgesetzte in diesem Fall ebenfalls ein Deutscher ist, der für Problemlösungen der japanischen Art aus Sicht des

Japaners nicht angesprochen werden kann, geht er einen anderen Weg des geringen Widerstands. Er möchte auf keinen Fall ein Gespräch führen, das eventuell in einen offenen Konflikt münden könnte. Das schriftliche Vorgehen ermöglicht ihm das Ansprechen des Problems ohne Einbeziehung anderer Personen. Der Vorfall verbleibt alleine bei den beiden betroffenen Personen und soll ohne Gesichtsverlust und verletzenden Meinungsaustausch gelöst werden.

Wir würden uns ein klärendes Gespräch wünschen und eventuell auch einen Konflikt austragen und beilegen.

Auszug aus einem japanischen Businessvideo für Japaner, in dem ein Amerikaner bei einer japanischen Firma anruft, um einen Gesprächstermin zu vereinbaren:
Amerikaner: **"I believe, Mr. Sato got my e-mail."**
Japanische Mitarbeiterin fragt nach und antwortet wahrheitsgetreu: **„I am very sorry, but he** (längere Pause) **deleted it."**
Amerikaner (mit sarkastischem Unterton): **„Deleted it? Are you still interested in working with us?"**

Diese gespielte Büroszene wurde in Japan im Rahmen einer Weiterbildungsserie im öffentlich-rechtlichen Fernsehen gezeigt und hatte als Ziel die verbesserte Kommunikation zwischen Japanern und westlichen Ausländern. Sie zeigt deutlich den unterschiedlichen Umgang mit Konflikten. Wir haben gelernt, bei Fehlern sehr schnell eine passende Erklärung oder Notlüge parat zu haben. Im oben genannten Fall wäre dies vielleicht: „Sorry, wir hatten ein Problem mit unserem Netzwerk, es sind viele Mails verloren gegangen". Sicher hätte sich der Amerikaner eine Erklärung gewünscht statt einer einfachen Entschuldigung.

Japaner neigen viel eher dazu, ihr Bedauern auszudrücken, was schon im Wortsinn eine andere Funktion hat. Es bedeutet nicht, dass man durch eine Entschuldigung die Schuld auf sich nimmt, mit allen sich daraus ergebenden Konsequenzen.

Auch die Rechtsprechung in unseren Ländern ist in Bezug auf Entschuldigungen verschieden. Japanische Gerichte erwarten z.B. bei schweren Unfällen, dass die Verantwortlichen oder die oberste Hierarchieebene öffentlich ihr tiefes Bedauern ausdrücken. In der deutschen Rechtsprechung kommt eine Entschuldigung einem Schuldeingeständnis gleich.

2006 ereignete sich in Japan ein schwerer Unfall mit Todesfolge mit einem Aufzug der schweizer Firma Schindler. Schindler verhielt sich wie in Europa erforderlich: Zunächst wurde der Vorfall einige Tage lang untersucht. In Japan schlug dieses Vorgehen hohe Wellen der Empörung. Es wurde erwartet, dass sich Schindlers höchste Führungsebene bei der betroffenen Familie und vor laufenden Fernsehkameras offiziell entschuldigt. Dies passierte schließlich auch, allerdings für japanisches Verständnis viel zu spät. Schindler hat seitdem in Japan keine Aufträge mehr erhalten und sich schließlich 2016 vom japanischen Markt zurückgezogen.

Fall eines Teilnehmers: „Wir hatten ein schwerwiegendes Problem mit einer nach Japan gelieferten Maschine. Es gab erhebliche Abweichungen zur vorher vereinbarten Spezifikation. Wir versuchten alles Erdenkliche, aber das Problem ließ sich im Nachhinein nicht mehr beheben. Die Japaner verlangten, dass die Maschine ausgetauscht werden sollte, was tatsächlich berechtigt war. In letzter Sekunde entschloss sich ein Manager unserer Firma zu einer aufrichtigen Entschuldigung. Die Folge war, dass die Japaner einlenkten und selbst eine Lösung des Problems fanden.“

Selbst bei einer solch schwerwiegenden Verletzung der getroffenen Vereinbarungen können aufrichtige, ehrlich gemeinte Entschuldigungen von der gleichrangigen oder höheren Hierarchieebene helfen, Konflikte zu entschärfen und drohende hohe Kosten zu vermeiden.

Japanische Kunden sind normalerweise eher bereit, bei Problemlösungen mitzuhelfen als westliche Kunden. Bevor man zum Beispiel den Rückruf eines Produkts riskiert, werden alle Kräfte gemeinsam mit dem Lieferanten gebündelt, um diesen Gesichtsverlust abzuwenden. Über die Verteilung der Kosten wird nach Abschluss des Vorfalls verhandelt.

Rückmeldung eines Teilnehmers: „Die Sache mit dem Entschuldigen funktioniert tatsächlich."

Kurze, aber prägnante E-Mail Rückmeldung einer meiner Teilnehmer.

Fall eines japanischen Teilnehmers: „Der westliche Kollege saß lässig auf dem Stuhl, einen Arm über der Lehne, die andere Hand in einer auf dem Tisch liegenden Chipstüte und entschuldigte sich während er Chips aß."

Diese Schilderung eines Japaners ist ein Beispiel von Respektlosigkeit, das aus japanischer Sicht kaum zu überbieten ist. Auch in Deutschland würde dieses Verhalten nicht gut ankommen, aber in Japan fühlt man sich verletzt und verliert eventuell sogar Gesicht. Überhebliches westliches Verhalten lässt sich immer wieder erleben. Viele ausländische Mitarbeiter fühlen sich Japanern gegenüber überlegen oder zumindest scheint es ihnen nicht nötig, sich den Gepflogenheiten anzupassen. Selbst wenn es wie in diesem Fall die Entschuldigung eines Lieferanten bei einem Kunden war!

Auszug aus einer Mail nach dem Treffen mit drei potentiellen Geschäftspartnern im Oktober 2017. Bei der Reservierung des Restaurants war zuvor von japanischer Seite aus alles schief gegangen:

Secondly, I would personally like to really apologize for such an incident/tardiness on our side in regarding the errors of reservation and location of the restaurant.

Needless to say, incidents like that would never happen again and I am deeply sorry for all the inconveniences I have caused that night.

Eine Entschuldigung ohne Ausflüchte und Erklärungen. Nach meinem Empfinden war die Verfasserin der Mail nicht diejenige, die den Fehler verursacht hatte, aber sie war meine direkte Ansprechpartnerin und fühlte sich deshalb verantwortlich.

Für die Praxis

- Benutzen Sie gegenüber Kunden und Vorgesetzten niemals ein ‚Nein', um Wünsche abzulehnen. Statt dessen sollten Sie Formulierungen wie: „It is difficult" „We will check it" „We will think about it" anwenden.

- Wenn ein Konflikt über einen Dritten an Sie herangetragen wird, sollten Sie sich darum kümmern und die Betroffenen nicht sich selbst überlassen.
- Agieren Sie vorsichtig, wenn Sie einen Konflikt mit Japanern aus der Welt schaffen müssen. Nur wenn Sie in einer hierarchisch übergeordneten Position sind, können Sie direkt werden. Wenn sie dagegen auf gleicher Ebene agieren, sollten Sie sehr vorsichtig sein. Werden Sie nie laut. Entweder suchen Sie das Vier-Augen-Gespräch (als Ausländer ist dieses Verhalten möglich) oder Sie bitten einen anderen Japaner der Gruppe um Rat und eventuell auch Hilfe. Der Schritt, den gemeinsamen Vorgesetzten anzusprechen wird auf jeden Fall besser akzeptiert als eine Eskalation des Konflikts vor anderen.
- Auch in Japan herrscht nicht überall eitel Sonnenschein. Die Konflikte sind für uns meist nur wesentlich schwerer zu erkennen, da sie selten offen ausgesprochen werden.
- Wundern Sie sich nicht, wenn bei internen japanischen Meetings höherrangige Vorgesetzte wütend und mit großer Lautstärke ihre Mitarbeiter kritisieren. Versuchen Sie aber nicht, dies ihrerseits zu tun.
- Entschuldigen Sie sich, wenn Fehler passiert sind, ohne Wenn und Aber.
- Vermeiden Sie bei Entschuldigungen das einschränkende: „Sorry, but…"
- Sprechen Sie eine klare Entschuldigung aus: „I am very sorry, it will not happen again."
- Achten Sie darauf, dass auch Ihre Körpersprache mit dem Gesagten übereinstimmt. Eine lässig vorgetragene Entschuldigung wird nicht akzeptiert.
- Wägen Sie ab, nicht jeder Konflikt muss ausgetragen werden.
- Definieren Sie Ihre Verwendung des Begriffs „Feedback". Hiermit verbinden Japaner ausschließlich, Kritik zu üben und deshalb ist er negativ besetzt.

Gesicht wahren

Das eigene Gesicht und das der anderen zu wahren sind Verhaltensregeln, die vermutlich jede Kultur kennt. Die Bedingungen, die Wichtigkeit und die Begriffsbestimmung des Gesichtwahrens mögen verschieden sein, aber ein Gesichtsverlust löst in jedem Menschen zumindest Unbehagen aus.

Deutschland

Auch wir kennen Regeln zur Gesichtswahrung, aber wir verwenden diesen Ausdruck selten. Bei uns sind es eher Begriffe wie jemanden in Verlegenheit bringen, jemanden angreifen oder jemanden bloßstellen. Bereits an der Begrifflichkeit wird klar, dass dies alles in unserer Kultur auch unangenehm ist, aber nicht so schwerwiegend, dass man länger andauernden gesellschaftlichen Schaden nimmt. Wir sind meist in der Lage, mit solchen Situationen offensiv umzugehen und sie in manchen Fällen sogar zu unserem Vorteil zu nutzen. Aber bei aller Klarheit der deutschen Kommunikation, die große Offenheit voraussetzt, gibt es doch viele Bereiche und Situationen, die uns peinlich sind. Alles, was zum Beispiel ins Private hineingeht, vermeiden wir auszusprechen. Ein an der falschen Stelle: „Sind Sie schwanger?“ oder „Bei Ihnen ist ein Knopf offen“, wenn der Knopf aber komplett fehlt, ist für alle Beteiligten peinlich und deshalb übersehen wir solche Dinge lieber.

Wenn wir fachlich angegriffen oder bloßgestellt werden, sind wir meist in der Lage, darauf zu reagieren, oft nach dem Motto ‚Angriff ist die beste Verteidigung‘. Dieses Verhalten kann dann auch zu einem offenen Konflikt führen, der durchaus aggressiv ausgetragen wird. Tiefes Einatmen, Kugelschreiber auf den Tisch werfen, Türen knallen sind neben klaren, manchmal auch lauten Worten zusätzliche nonverbale Mittel.

Uns sind solche Situationen auch nicht angenehm, aber wir können damit umgehen, ohne allzu schwere seelische Verletzungen zu erleiden. Allerdings versuchen wir, solche Konflikte positiv zu beenden und im Konsens auseinanderzugehen.

Japan

Wie bereits ausgeführt, sind Japaner zum einen sehr harmoniebedacht und zum anderen fällt es ihnen sehr schwer, ihre Meinung zu äußern. Konträres Diskutieren oder ein öffentliches Austragen von Konflikten ist absolut unüblich und wird weder in der Ausbildung noch in der Familie geübt. Deshalb können Japaner aus einer solchen Konfliktsituation in den meisten Fällen nur geschwächt herausgehen. Dazu kommt, dass sie Gesicht und Ehre verlieren, was ungleich schlimmer ist als die Folgen einer öffentlichen Auseinandersetzung in unserer westlichen Welt. Wer Gesicht verloren hat, hat diesen Verlust dauerhaft erlitten. Er ist nicht einfach wieder aus der Welt zu schaffen. Nur der Faktor Zeit kann ein erträgliches Maß an Vergessen schaffen.

Aus der Praxis

Fall eines Teilnehmers: „Einer meiner japanischen Lieferanten hat einen nicht unerheblichen Fehler gemacht. Ich habe in der Folge diesen Fehler nicht angesprochen und merke, dass er mir seitdem bei allen Anfragen sehr entgegenkommt."

Ein Schweigen an der richtigen Stelle kann sehr hilfreich für die weitere Zusammenarbeit sein und sich für den Zurückhaltung übenden Kollegen sehr positiv auswirken.

Fall eines Teilnehmers: „Unsere japanische Sekretärin wurde von einem ausländischen Kunden um ein Dokument gebeten. Sie fragte mehrmals bei ihrem Chef nach, aber er war sehr beschäftigt und schob die Antwort immer wieder hinaus. Beim nächsten Nachfragen des Kunden ging sie nicht auf die Zeitnot ihres Vorgesetzten ein, sondern entschuldigte sich für ihr eigenes, nicht vorhandenes Versäumnis."

Die japanische Angestellte würde nach außen hin ihren Chef niemals Gesicht verlieren lassen. Auch wenn sie selbst keinen Fehler machte und alles versuchte, um eine Antwort zu erhalten, wird sie sich schützend vor ihren Chef stellen und die Schuld auf sich nehmen. Sie sieht sich als Teil der Gruppe. Ganz gleich, welches Mitglied der Gruppe einen Fehler gemacht hat, sie wird auf jeden Fall als deren Repräsentantin ihr Bedauern ausdrücken.

Für die Praxis

- Wägen Sie ab, wie wichtig die sofortige Richtigstellung eines von einem Japaner gemachten Fehlers ist, z.B. in einem Meeting. Wenn der aufgetretene Fehler im Moment keine grundlegenden Probleme bereitet, sollten Sie Ihren deutschen Reflex unterdrücken zu zeigen, dass Sie aufmerksam und informiert sind. Es ist viel hilfreicher für alle Beteiligten, auch für Sie selbst, wenn Sie den Japaner später unter vier Augen auf seinen Irrtum hinweisen und ihm so die Möglichkeit geben, sein Gesicht zu wahren.
- Beachten Sie bei allen öffentlichen Statements, ob jemand dabei offen kritisiert wird und dadurch Gesicht verliert.
- Schaffen Sie sich keine Feinde durch direktes öffentliches Angreifen japanischer Kollegen. Dies können Sie nur aus einer höheren Hierarchieebene heraus tun und auch dann sollten Sie diese Maßnahme gut überdenken.
- Klären Sie Unstimmigkeiten, Versäumnisse und Fehler im Vier-Augen-Gespräch.

Gefälligkeiten einsetzen

Giri

Etwas vereinfacht ausgedrückt: Durch Geschenke und Gefälligkeiten baut man Beziehungen aus und kleine Abhängigkeiten auf, die wohlüberlegt zurückgegeben werden. *Giri* überschneidet sich mit ‚Gesicht geben', denn ein Schweigen und Übergehen eines Fehlers ist auch eine Art Gefälligkeit.

Japanische und deutsche Firmen achten sehr darauf, dass hierbei die Grenze zur Bestechung nicht überschritten wird.

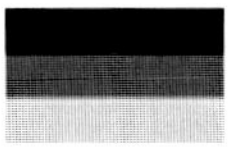

Deutschland

Wir kennen die Redensarten: „Eine Hand wäscht die andere" oder „Kleine Geschenke erhalten die Freundschaft". Wenn uns jemand einen Gefallen tut, hat er etwas gut bei uns. Wenn uns jemand zum Geburtstag ein Geschenk macht, werden wir versuchen, auch an seinen Geburtstag zu denken. Auch im geschäftlichen Kontext haben wir den Anspruch, nicht zu vergessen, wer uns einen Gefallen getan hat.

Japan

Wie aus der wörtlichen Übersetzung der Schriftzeichen für den Begriff *giri* ‚Prinzip der Ehre' hervorgeht, wird hier der Austausch von Gefälligkeiten ernst genommen. Es verletzt die eigene Ehre, wenn man jemandem etwas schuldig bleibt. Daneben kann man seine Position bestimmten Personen gegenüber verbessern, indem man ihnen z.B. kleine Geschenke zukommen lässt.

Selbst solche Gelegenheiten wie der Valentinstag werden dazu benutzt, sich selbst durch die Vergabe von sogenannter Pflichtschokolade ‚*giri-choko*' an Vorgesetzte und Kollegen in ein gutes Licht zu rücken. Am Valentinstag beschenken in Japan die Frauen die Männer in ihrer privaten und geschäftlichen Umgebung mit Schokolade. In der Krise 2009 soll einer Statistik zufolge der Erwerb von ‚Pflichtschokolade' ein ‚historisches Höchstmaß' erreicht haben. Je schlechter die Wirtschaftslage, umso mehr wird Giri als Grund für das Verschenken von Schokolade innerhalb der Firma genannt. Die Männer revanchieren sich für die Schokoladengeschenke am White Day, an dem sie ihrerseits Schokolade an die Frauen verschenken. Der Valentinstag wird in Japan wie im Westen am 14.2. begangen und der White Day am 14.3. (siehe Kapitel Geschenke).

Aus der Praxis

Häufig gestellte Frage: „Muss ich immer Geschenke für meine japanischen Kollegen mitbringen?"

Ja, Sie müssen. Diese einfache Gelegenheit, kleine Abhängigkeiten zu schaffen, sollte man sich auf keinen Fall entgehen lassen (siehe Kapitel Geschenke).

Fall eines Teilnehmers: „Einer unserer Manager, der eine sehr wichtige Kontaktperson für die japanische Seite war, übergab einem japanischen Geschäftspartner seine ältere, defekte Armbanduhr mit der Bitte, diese in Japan reparieren zu lassen. Falls dies wegen des Alters der Uhr nicht möglich sei, solle man die Uhr einfach wegwerfen. Das kam natürlich nicht in Frage. Es wurden alle erdenklichen Maßnahmen ergriffen und die Uhr wurde repariert, auch wenn die Kosten den Wert der Uhr um ein Vielfaches überstiegen. Die Japaner wollten sich die Gelegenheit nicht entgehen lassen, Giri bei ihrem Geschäftspartner aufzubauen."

Man sollte sich genau überlegen, um welchen Gefallen man Japaner bittet. Es passiert häufig, dass nichts unversucht gelassen wird, um Ihnen zu helfen. Es hilft auch nichts, die Bitte einzuschränken. Im Gegenzug wird aber erwartet, dass Sie sich an geeigneter Stelle erkenntlich zeigen.

Für die Praxis

- Nutzen Sie Gelegenheiten, *giri* für sich aufzubauen. Wenn ein Japaner Sie um einen Gefallen bittet und Sie ihn erfüllen, wird er sich erkenntlich zeigen.

- Bringen Sie bei Geschäftsreisen immer kleine Geschenke mit.
- Wenn ein Japaner Ihnen einen Gefallen tut, sollten Sie sich bei der richtigen Gelegenheit revanchieren.
- Bitten Sie nur um Gefälligkeiten, wenn Sie sich des Aufwands bewusst sind, der damit verbunden ist und wenn Sie bereit sind, den Gefallen auch zurück zu zahlen.

Aus dem beruflichen Alltag

Meetings und Präsentationen

Ein Witz

Der Chef von Fiat trifft den Chef von Toyota und bittet ihn, sich Toyotas Produktionslinie anschauen zu dürfen. Diese Bitte wird gerne erfüllt und so gehen die beiden durch die Fabrikhallen. Der Fiatchef ist sehr interessiert an allem. Am Ende der Linie angelangt sieht er eine Kiste mit einigen Katzen und fragt seinen japanischen Gastgeber, was dies zu bedeuten hätte. Der Japaner erläutert ihm: „Das ist unsere Endkontrolle. Wir setzen eine Katze in das Auto und wenn sie nach 30 Minuten noch nicht ohnmächtig ist, sind die Dichtungen nicht in Ordnung." Der Italiener ist sehr beeindruckt und bestellt sich nach der Rückkehr nach Europa seinen Fertigungschef ins Büro. Er schildert ihm den japanischen Katzentest, woraufhin sein Mitarbeiter ihm erklärt: „Das machen wir doch auch, wenn die Katze nach 30 Minuten noch im Auto ist, sind die Dichtungen in Ordnung"

Dieser Witz spielt natürlich mit Klischees. Klischees haben einen Kern Wahrheit, aber sie müssen auch immer hinterfragt werden. Toyota gewann in Deutschland regelmäßig Zuverlässigkeitstests und gilt einfach als qualitativ gut. Fiat hat ein anderes Image. Interessanterweise findet sich in der ADAC Pannenstatistik 2007 der Fiat Panda auf einem guten vierten Platz und der erste Toyota, Yaris, erst auf dem viel schlechteren Platz 11. Die Klischees stimmen also bei genauer Betrachtung mitunter nicht, aber wir kennen sie und glauben an sie. Deshalb funktioniert dieser Witz.

Auf der zweiten Ebene zeigt dieser Witz unseren Umgang mit erfolgreichen Systemen. Gerade der Erfolg von Toyota hat viele Firmen dazu bewogen, sich sehr intensiv mit den Problemlösungsstrategien des Autobauers zu beschäftigen. *TPS* (Toyota production system) *kanban* (dies ist eine Karte, die angibt, wann der geringe Vorrat just in time aufgefüllt werden muss), *naze naze* (tiefes Nachfragen), *genbutsu* (Ort des Problems), *kaizen* (ständige Verbesserung) sind Begriffe, die heute auch bei manchen deutschen Autoherstellern zum täglichen Vokabular gehören. Toyota ist auch sehr bestrebt, seine Lieferanten und Produktionsstätten im Ausland so tiefgreifend wie möglich auf die Toyotaphilosophie einzuschwören. Auf der anderen Seite sieht man in sklavenhaftem Nachahmen bestimmter Lösungen ein Fehlverhalten und äußerte in der Vergangenheit: „Hattet ihr nicht andere Probleme als wir? Wie kann es Sinn machen, ihnen mit unseren Lösungen zu begegnen?“

Deutschland

Wir halten Meetings ab, um uns auszutauschen, die Ideen der anderen zu erfahren, konträr zu diskutieren und auf diesem Weg möglichst ein Ziel zu erreichen. Wir verlassen diese Meetings oft mit einer To-do-Liste, wer was bis wann tut. Unsere Besprechungen sind sehr zielorientiert und es ist wichtig für uns, unsere Meinung einzubringen und aktiv teilzuhaben. In den meisten deutschen Firmen wirkt es positiv, auf sich aufmerksam zu machen und eine gute Gelegenheit dazu sind Meetings, vor allem wenn Vorgesetzte dabei sind. Man könnte sagen: Besprechungen dienen neben der Zielerreichung den Teilnehmern als Präsentationsmöglichkeit. Dabei profitiert, wer die besten Vorschläge oder Einwände hat und wer seine Ideen am nachdrücklichsten einbringt und im besten Fall auch durchsetzt.

Japan

Meetings werden in Japan mindestens genauso häufig abgehalten wie in Deutschland. Allerdings sind die Ziele dieser Besprechungen anders definiert. Ziel ist es, seine Meinung darzustellen, ohne konträre Diskussion mit den Beteiligten. Jeder zeigt den Stand seiner jeweiligen Arbeit auf und liefert somit Informationen, mit denen die Kollegen weiterarbeiten können. Entscheidungen werden hier äußerst selten getroffen und wenn, dann nur nach einigen vorausgegangenen Meetings und vielen Gesprächen unter den betroffenen Kollegen. Nach diesem vorausgegangenen Austausch von allen relevanten Informationen gibt es Besprechungen, in denen von einem Vorgesetzten Entscheidungen verkündet werden.

Aus der Praxis

Fall eines Teilnehmers: „In einem Meeting mit uns Deutschen, unseren japanischen Kollegen und einem japanischen Kunden gab es Unstimmigkeiten über technische Details. Plötzlich wurde nur noch Japanisch gesprochen und schließlich einigten sich die Japaner darauf, die Entscheidung zu vertagen. Dies verärgerte uns sehr, da dieses Treffen, das mit weiten Anreisen verbunden war, aus unserer Sicht nun völlig ergebnislos und damit unnötig war. Es gab in der Folge einen regen E-Mailaustausch und Wochen später wurde nach zahlreichen Kompromissen eine Lösung gefunden.“

Dies ist typisch japanisches Verhalten, bei dem ein Konflikt entschärft wird, indem man die Entscheidung vertagt, sich danach weiter austauscht und nach gegenseitigen Kompromissen zu einer Lösung findet. Dieses Verhalten stört und verärgert uns, weil wir schneller zu endgültigen Entscheidungen kommen wollen. Japaner sind im Vergleich zu uns weniger zielorientiert, sondern mehr prozess- und verbesserungsorientiert. Auch wenn Dinge schon mehrfach besprochen wurden, sind Änderungen möglich und gewünscht.

Fall einer japanische Gruppe: Über Meetings in ihrer deutsch-japanisch besetzten Abteilung äußerten sie: „Wir Japaner mögen es, die Meinung anderer zu hören. Viele Personen nehmen an der Entscheidungsfindung teil und eine Korrektur der eigenen Meinung wird erwartet. Dagegen agieren unsere deutschen Kollegen anders: Sie wollen eine Entscheidung, die ohne Diskussion getroffen wird. Sie beharren auf ihrer Meinung und teilen uns vor der Entscheidung wenige Informationen mit.“

Diese Äußerungen zeigen deutlich, dass es große Unterschiede in der Bedeutung von Meetings und beim Finden von

Entscheidungen gibt. Sowohl die deutsche als auch die japanische Seite hat Probleme, das Vorgehen der anderen Kultur zu verstehen und zu teilen. Hier ist viel Verständnis und Überzeugungsarbeit auf beiden Seiten nötig.

Frage eines Teilnehmers: „Der Vorgesetzte unseres japanischen Partners spricht kein Englisch. Wir besprechen alles mit seinen Mitarbeitern. Er sitzt dabei und erhält japanische Übersetzungen. Wie fühlt er sich dabei?"

Der japanische Vorgesetzte wird es wahrscheinlich als nicht so schmerzlich empfinden, wenig zu verstehen, wie wir vermuten. Solange die deutschen Kollegen und seine Mitarbeiter ihm das Gefühl geben, ihn einzubeziehen, kann er vermutlich gut mit der Situation umgehen.

Anders als in Deutschland sind in Japan Fremdsprachenkenntnisse nicht so hoch angesehen. In den allermeisten Berufen sind sie unwichtig und Personalabteilungen legen bei der Einstellung neuer Mitarbeiter hierauf kein besonderes Augenmerk. Japanische Studenten studieren selten im Ausland, da sie mehr Nachteile als Vorteile von solchen Auslandsaufenthalten haben.

Dieses Geringschätzen von Fremdsprachen ist uns unverständlich. Dabei darf man nicht vergessen, dass Fremdsprachen für uns ungleich wichtiger sind, allein durch unsere geographische Lage. Wir sind umgeben von zahlreichen Nachbarländern, die wir mit dem Auto in kurzer Zeit erreichen können und brauchen dort zumindest Englisch, um ein wenig kommunizieren zu können.

Viele Japaner besitzen keinen Reisepass und falls sie das Land für eine Reise verlassen, fliegen sie dorthin, wo man sie versteht z.B. Hawaii, oder sie begeben sich in den Schutz einer Reisegruppe, in der es keine Sprachprobleme gibt.

Wir gehen von der falschen Einschätzung aus: Der, mit dem wir eine gemeinsame Sprache sprechen, den verstehen wir auch. Dies ist ein Trugschluss, der sich gerade in Japan oft nicht bewahrheitet. „East and west do not speak the same language, even if it is Englisch" (Dennis Bloodworth, englischer Korrespondent).

Zudem sind wir stolz auf unsere Sprachkenntnisse: Ich habe selbst erlebt: Wenn unter einer großen Gruppe Deutscher ein Amerikaner im Meeting sitzt, der sogar passabel Deutsch spricht, halten wir das Meeting dennoch selbstverständlich auf Englisch ab.

Fall eines Teilnehmers: „In der Smalltalkphase vor Beginn des eigentlichen Meetings fragte ein Teilnehmer der japanischen Seite: ‚Mögen Sie Golf?' Woraufhin sich die deutschen Teilnehmer kurz anschauten, zu lachen anfingen und ‚Na ja, das ist doch ein Sport für alte Männer.' " antworteten.

Wir Deutschen glauben, dass wir Fragen wahrheitsgetreu beantworten sollten, sonst empfinden wir uns selbst als unaufrichtig, was in unserer Kultur negativ eingeschätzt wird. Während der Japaner hier nur ein paar nette Worte austauschen möchte über einen Sport, den in Japan jeder Mann spielt oder zumindest gerne spielen würde mit der Golfausrüstung, die er zu Hause hinter der Tür stehen hat, versucht der Deutsche seine wahre Meinung zu äußern, ohne Rücksicht auf eventuelle Irritationen und Smalltalkregeln.

Smalltalk fällt uns selbst in gelöster Atmosphäre schwer und in der Geschäftswelt hat er unserer Ansicht nach absolut nichts zu suchen. Für Japaner ist er ein wichtiges Mittel, uns besser kennen zu lernen und auf freundlicher Ebene miteinander umzugehen. Effizienz ist ihnen hier nicht so wichtig wie uns.

Fall eines Teilnehmers: „Wir hatten ein drei Tage dauerndes Meeting in Japan. Alle Japaner trugen eine hässliche Firmenuniform mit Mütze. Auffallend war, dass vor allem ein Teilnehmer die ganze Zeit mürrisch schaute und kein Wort sprach. Als er die Abschlussrede hielt, stellte sich heraus, dass er der Vorgesetzte der übrigen Gruppe war."

In Japan gilt nicht: Wer viel sagt ist wichtig, sondern: Je höher jemand in der Hierarchie steht, umso beobachtender ist er in seiner Funktion und umso weniger sieht er sich gezwungen, sich zu äußern. Der Chef muss sich nicht ständig beweisen, indem er sich verbal in den Vordergrund stellt. Das überlässt er seinen

Mitarbeitern und wenn er etwas sagt, dann meist auf Japanisch, auch wenn er die englische Sprache beherrscht.

Für die Praxis

‚Die Form bestimmt den Inhalt.' Die Äußerlichkeiten sind enorm wichtig und müssen besonders beachtet werden.

- Achten Sie auf Pünktlichkeit, vor allem bei Kundenbesuchen. Dies bedeutet, dass man sich zehn Minuten vor dem vereinbarten Zeitpunkt an der Pforte anmelden sollte. Rufen Sie an (auch wenn es mit dem in Deutschland angemeldeten Smartphone teuer ist), auch bei geringsten Verspätungen, die in Deutschland noch akzeptabel wären. Auch nur eine Minute nach dem Termin einzutreffen, zeugt von Respektlosigkeit.
- Wundern Sie sich nicht über Unpünktlichkeiten bei **internen** Meetings.
- Lassen Sie sich auf Smalltalk ein, auch wenn er in unseren Augen Zeitverschwendung ist. Hierbei geht es nicht um die Äußerung von Meinungen, sondern es werden Freundlichkeiten ausgetauscht. Diese Phase kann bei Erstkontakten 15-20 Minuten dauern. Kritisieren Sie weder Japan noch Deutschland. Selbst die Bemerkung: „Es regnet seit drei Tagen" wird eine Entschuldigung der japanischen Seite nach sich ziehen.
- Kleiden Sie sich korrekt und unauffällig. Korrekt heißt in Japan: Anzug in dunkelblau, dunkelgrau oder schwarz, weißes Hemd, unaufdringliche Krawatte. Auch wenn sich die Kleiderordnung etwas lockert, sind Sie mit klassischer Kleidung immer gut angezogen. Männer sollten außer einer Armbanduhr und dem Ehering keinen Schmuck tragen, kein duftendes Rasierwasser. Was in Deutschland vielleicht als individuelle Note gilt, ist in Japan Ausdruck von unangebracht zur Schau gestelltem Eigensinn.
- Es gibt eine Sitzordnung. Warten Sie einen Moment und lassen Sie sich einen Platz zuweisen. Falls Sie der Gastge-

ber sind, gelten folgende Faustregeln: Der Gast mit dem Rücken zum Fenster, der Ranghöchste in der Tischmitte, von ihm weg wird die Hierarchie zu beiden Seiten flacher, möglichst gleichrangige deutsche Mitarbeiter gegenüber platzieren.

- Verabschieden Sie Ihre Gäste angemessen. Je nach Wichtigkeit müssen sie begleitet werden. Weniger wichtige Besucher werden bis zum Aufzug begleitet, wichtigere bis zur Pforte oder sogar bis zum Bahnhof mit gemeinsamem Warten auf den Zug.
- Bringen Sie Geschenke mit, die edel eingepackt sind (siehe Kapitel Geschenke).
- Überreichen Sie Ihre Visitenkarte (siehe Kapitel Visitenkarten).
- Sprechen Sie andere immer mit Mister, Miss **oder** Nachname + *-san* an (*Mori-san*).
- Benutzen Sie bei Ihrem eigenen Namen kein *-san* (**kein**: Yes, my name is Maier-*san*).
- Benutzen Sie ausschließlich die Nachnamen.

Zu den Inhalten

Präsentationen

- Zunächst wird der japanische Delegationsleiter seine Teilnehmer vorstellen und die Historie der Kooperation darstellen. Danach wird er die Teilnehmer vorstellen unter den Gesichtspunkten: Name, Funktionseinheit, Berufserfahrung, persönliche Bemerkung(z.B. ‚Liebt klassische Musik'), Grund der Teilnahme.
- Verteilen Sie Handouts, am besten einige Tage im Voraus.
- Gehen Sie bei Erstpräsentationen auf Ihre Firmengeschichte ein. Falls es noch Beziehungen zur Gründerfamilie gibt, erwähnen Sie dies. Falls Sie schon auf dem japanischen Markt präsent sind, erläutern Sie seit wann dies der Fall ist und wer Ihre Partner sind. Historie zeugt in japanischen Augen von Verlässlichkeit. Es gibt kein japanisches Geschäft ohne den Zusatz von ‚since....'

- Begrenzen Sie Ihre Präsentation auf eine Stunde.
- Präsentieren Sie ruhig und höflich.
- Machen Sie keine Scherze, um das Eis zu brechen.
- Visualisieren Sie so oft es geht. Gerade technische Dinge lassen sich durch Zeichnungen wesentlich besser verstehen, auch ohne fundierte Sprachkenntnisse.
- Japaner sind Meister in der Darstellung von Zusammenhängen. Dabei vernachlässigen Sie oft die Lesbarkeit, setzen viel Farbe ein und bringen viel Information mit gegenseitiger Abhängigkeit, vielen Zahlen und Tabellen auf eine Seite. Angeblich müssen Jungingenieure bei Toyota als Übung eine 30-seitige Power-Point-Präsentation auf einem DIN-A3-Blatt zusammenfassen!
- Arbeiten Sie mit Diagrammen, sehr beliebt sind sogenannte Radardiagramme, die mehrdimensionale Abhängigkeiten dokumentieren.
- Wiederholen Sie die wichtigen Aspekte. Was mehrmals gesagt wird, ist wichtig.
- Fassen Sie die wichtigen Aspekte zusammen.
- Belegen Sie Ihre Aussagen mit Beispielen.
- Zahlen müssen immer schriftlich festgehalten werden. Auch gute Übersetzer machen hier mitunter Denkfehler, da sich das japanische Zählsystem sehr von unserem unterscheidet. Unsere Einheit Million wird im Japanischen z.B. so ausgedrückt: Einhundert zehntausend.
- Achten Sie bei Tabellen auf die Einheit. In japanischen Tabellen beträgt die Einheit mitunter 10.000.
- Rechnen Sie mit Detailfragen, vor allem bei technischen Themen. Überlegen Sie sich im Vorfeld, welche Fragen auftauchen könnten und seien sie aus unserer Sicht auch noch so nebensächlich.
- Lassen Sie sich nicht verunsichern, wenn keine Fragen im Anschluss gestellt werden. Dieses Verhalten bedeutet aber auch nicht, dass alles verstanden wurde. Es ist in Japan nicht positiv angesehen, bestimmte Aspekte im Plenum zu hinterfragen, oder Bedenken zu erkennen zu geben.

- Planen Sie nach dem offiziellen Ende der Präsentation noch etwas Zeit ein. In einer etwas zwangloseren Situation kommt es häufig noch zu den gewünschten Fragen.
- Je wichtiger ein Meeting, umso häufiger sollten Sie einen professionellen Übersetzer einsetzen.

Reaktion auf das Verhalten der Japaner

- Vermeiden Sie Diskussionen. Diskussionen zu führen, ist extrem schwierig und in unserer westlichen Ausprägung nicht eingeübt. Aus diesem Grund wirken Japaner in von uns geführten Diskussionen immer schwach, unsicher, mitunter sogar unwissend.
- Machen Sie häufiger Pausen, als Sie es gewohnt sind. Japaner brauchen Pausen. Man möchte sich in diesen Pausen im kleinen Kreis auf Japanisch austauschen. Außerdem wird in Japan noch sehr viel geraucht. Man sollte die Japaner in diesen Pausen alleine lassen.
- Ärgern Sie sich nicht über leises Sprechen der Teilnehmer untereinander auf Japanisch. Es dient lediglich dazu, kurz Sachverhalte zu klären.
- Legen Sie ein Kommen und Gehen nicht als Unhöflichkeit aus. Gerade bei sehr langen Meetings sind diejenigen anwesend, die bei einem bestimmten Punkt der Agenda erforderlich sind. Dieses Verhalten ist jedoch sehr stark vom Charakter des Meetings abhängig. Bei hochoffiziellen Erstpräsentationen findet dies beispielsweise nicht statt.
- Bewerten Sie lückenhafte Präsentationen von Seiten der Japaner nicht vorschnell negativ. Wahrscheinlich sind Ihnen die kompletten Unterlagen bereits zugegangen.
- Falls Sie mit einem Übersetzer arbeiten, nutzen Sie die Übersetzungsphasen für sich, um sich die nächste Formulierung genau zu überlegen. So wird auch eine solche Kommunikation sehr exakt und effizient.
- Rechnen Sie mit *tatemae*-Aussagen, die eine harmonische Version der Wahrheit darstellen (siehe Kapitel Umgang mit Wahrheiten).

- Eine gute Atmosphäre sollte nicht überbewertet werden. Man ist nicht automatisch mit allem einverstanden.
- ‚Yes, Yes', in Verbindung mit Kopfnicken heißt nicht wie in unserer westlichen Welt ‚ich bin einverstanden' oder ‚ich verstehe'. Es kann einfach bedeuten ‚ich höre zu'.
- Lassen Sie sich nicht durch einschlafende Japaner verunsichern. Dieses bei uns als absolut unmöglich geltende Verhalten ist in Japan akzeptiert. Es bedeutet nicht, dass man gelangweilt oder uninteressiert ist. Es ist lediglich so, dass man sich kurz ausruhen muss. Manche Japaner schließen auch nur die Augen und schlafen nicht ein (siehe Kapitel Nonverbale Kommunikation).
- Lesen Sie japanische Gestik: gekreuzte Zeigefinger oder Hände bedeuten ‚Nein'. Ein kurzes seitliches Wedeln mit der geöffneten Hand bedeutet ‚Nein'. Hörbares Lufteinsaugen bedeutet ‚Sehr schwierig', wenn ein Nachobenschauen dazukommt, verkompliziert sich die Sache noch.

Hier sehen Sie die Geste der ‚luftwegschiebenden Hand', die ‚Nein' bedeutet.

- Insistieren Sie nicht, wenn Japaner bei bestimmten Fragen ausweichen. Dies bedeutet entweder Ablehnung oder Vertagung der Sache. Versuchen Sie lieber, diese Sachverhalte im Vier-Augen-Gespräch oder schriftlich zu klären.
- Deuten Sie Schweigen richtig (siehe Kapitel Nonverbale Kommunikation).
- Rechnen Sie mit Notlügen. Lügen, die der Sache dienen, können vorkommen und werden mitunter eingesetzt.

Nachbereitung

- Reagieren Sie sofort, falls noch Fragen oder Wünsche offen geblieben sind.
- Schicken Sie eine schriftliche Zusammenfassung des Meetings.
- Halten Sie Kleinstversprechen. Wenn Sie z.B. beim Smalltalk über die deutsche Weinstraße sprechen und erzählen, dass Sie dazu eine sehr schöne Internetseite kennen, sollten Sie den Link auch unbedingt schicken.

Kommunikation

Viele unserer Probleme mit anderen Kulturen basieren auf unterschiedlichen Kommunikationsmustern. Wir haben in unserer deutschen oder japanischen Umgebung gelernt, auf eine bestimmte Art und Weise miteinander zu kommunizieren, ohne darüber zu reflektieren. Selbst innerhalb unserer Länder gibt es große Unterschiede zwischen verschiedenen Landesteilen. Einem tendenziell verschlossenen Norddeutschen begegnet vielleicht in einem Unternehmen ein sehr kommunikativer Rheinländer oder ein direkter Hesse. Nur vermuten wir hier zunächst keine kulturell bedingten Unterschiede. Es fällt uns einfach auf, dass sich der andere aus unserer Sicht unüblich verhält und kommuniziert (siehe Kapitel Umgang mit Wahrheiten).

Deutschland

Unsere deutsche Kommunikation ist meist direkt. Wir brauchen klare Aussagen, auf die wir uns verlassen können, im Idealfall schriftlich. Vor allem bei kritischen Situationen sichern wir uns nach Möglichkeit schriftlich ab.

Wir meinen, was wir sagen und wir sagen, was wir meinen. Und wenn jemand etwas von uns möchte, muss er es klar sagen. Auf eine klare Frage geben wir eine klare Antwort. Ehrlichkeit und Wahrhaftigkeit sind für uns wichtige Werte, dabei bedenken wir mögliche Kränkungen unseres Gesprächspartners meist nicht. Für uns tragen die gesprochenen Worte den Inhalt, Unausgesprochenes nehmen wir oft nicht wahr. Wir nehmen Informationen im informellen Rahmen nicht ernst. Deshalb fühlen wir uns in anderen Kulturen schnell mangelhaft informiert. Konflikte sind für uns nicht von vornherein negativ. Unsere Sprache drückt unser Denken auch klar aus. Wenn es um Entscheidungen geht, verwenden wir Entweder-oder-Formulierungen. Dies schließt von vornherein weitere Möglichkeiten aus.

Japan

Japaner kommunizieren sehr indirekt. Manchmal wird diese Art als die Fähigkeit bezeichnet ‚Luft zu lesen'. Man spricht auch von einer High-Context-Communication. Das heißt, dass es einen implizierten starken Kontextbezug in der Kommunikation gibt. Mitunter ist das wichtiger, was nicht gesagt wird, als das, was gesagt wird. Wenn Japaner z.B. das Gesprächsthema bei einer bestimmten Frage wechseln, bedeutet es, dass man nicht darüber sprechen kann oder will. Dies wird aber nicht explizit ausgesprochen. Außer dem gesprochenen Wort werden auch alle Kontextfaktoren wie Umstände der Begegnung, Hierarchie, benutze Sprache und die anwesenden Personen in die Bewertung des Gesagten miteinbezogen. Diese Art zu kommunizieren ist sehr vielschichtig und auch für Japaner oft uneindeutig und schwer zu interpretieren. Entweder-oder-Formulierungen werden im Japanischen vermieden. Es werden sprachliche Ausdrücke benutzt, die auch weitere Möglichkeiten nicht von vornherein ausschließen. Beispielsweise: Erhalte ich die Informationen morgen? Erhalte ich die Informationen übermorgen? Diese Art zu fragen lässt auch weitere Optionen offen.

Aus der Praxis

Fall eines Teilnehmers: Ein Mittelständler plant den Markteinstieg in Japan. Er hat einen japanischen Mitarbeiter vor Ort und möchte mit seiner Hilfe eine Kundenpräsentation in größerem Stil durchführen. Er hat bereits Angebote für Veranstaltungsorte, muss nun aber wissen, mit wie vielen Besuchern er rechnen muss, um die erforderliche Größe der Räumlichkeiten einschätzen zu können. Deshalb schreibt er eine E-Mail an seinen japanischen Mitarbeiter: „Bitte teilen Sie mir mit, wie viele Interessenten zu erwarten sind." Er erhält auch auf mehrmaliges Nachfragen keine Antwort auf seine Frage.

In Tokio trifft er seinen Mitarbeiter und sie gehen die Liste der zu erledigenden Dinge durch. Plötzlich fällt dem Deutschen ein, dass man deutschen Wein ausschenken möchte und sich noch keine Gedanken über die Trinkgefäße gemacht hat.

Er macht den Vorschlag, dafür Pappbecher zu besorgen und wendet sich dann wieder der Agenda zu. Im Anschluss an das Meeting verwendet sein japanischer Mitarbeiter den Rest des Tages dazu, die besten Pappbecher aufzufinden. Der Deutsche zweifelt an den Fähigkeiten des Japaners.

Hier liegen zwei Kommunikationsprobleme vor. In beiden Fällen geht der deutsche Chef von einem ‚mitdenkenden Mitarbeiter' aus, aber der Japaner hat nur ein Ziel: Sich seinem Chef gegenüber korrekt zu verhalten. Wer in Japan eine solche Arbeitsstelle annimmt, hat keine große Auswahl und möchte auf keinen Fall einen Fehler machen (ausländisches Unternehmen, neu am japanischen Markt, relativ klein. Diese Faktoren bedeutet für Japaner maximale Unsicherheit und damit maximales Unbehagen) (siehe Kapitel Entscheidungsfindung). Die E-Mailanfrage seines Chefs kann der Japaner nicht einordnen. Die Zahl der Teilnehmer ändert sich ständig, es kommen Anmeldungen aber auch Absagen hinzu und deshalb kann er keine korrekte Antwort auf die gestellte Frage geben. Um keinen Fehler zu machen, ignoriert er die Frage. Ein deutscher Mitarbeiter würde sich in einer solchen Situation vielleicht absichern, indem er schreibt: Stand: 30. Januar, 11.00 Uhr. Der Japaner versteht den Hintergrund der Frage nicht, wagt aber auch nicht, eigenmächtig seinen Chef darauf hinzuweisen, dass sie für ihn nicht beantwortbar ist. Hilfreich wäre eine Erklärung von Seiten des deutschen Vorgesetzten, etwa: „Es geht um die Größe des Raums, die genaue Zahl ist nicht so wichtig, geben Sie mir einen Zwischenstand zum heutigen Tag."

Der zweite Punkt betrifft sprunghafte Kommunikation, die für uns durchaus üblich ist. Auch während wir über einen äußerst wichtigen Punkt sprechen, kann es passieren, dass wir einen spontanen Einfall einbringen und dann zum Tagungsordnungspunkt zurückkehren. Für uns ist dann klar, welche Gewichtung die einzelnen Themen haben und falls nicht, wird direkt nachgefragt. Im oben genannten Fall jedoch nicht. Der japanische Mitarbeiter hört nur: Pappbecher scheinen meinem Chef sehr am Herzen zu liegen, mehr als andere Punkte, deshalb kümmere ich mich erst einmal darum.

Dieser Fall zeigt sehr gut, dass wir unsere Kommunikation im interkulturellen Kontext sehr genau überprüfen müssen: Was setze ich an Wissen oder an Eigeninitiative bei meinem Gesprächspartner voraus, wenn ich auf diese Art kommuniziere und welche impliziten Kenntnisse oder als normal vorausgesetzten Verhaltensweisen beinhalten meine Aussagen?

Anmerkung eines Teilnehmers: „Unsere japanischen Kollegen sprechen nicht mit uns, sie schicken E-Mails, auch wenn sie nur wenige Tische entfernt sitzen."

Diese Klage eines deutschen Expatriates in Japan zeigt, dass auch wir trotz unserer anscheinend strikten Trennung zwischen Person und Sache unsicher werden und uns verletzt fühlen. Wir vermuten hinter diesem Verhalten Ablehnung. Die japanische Seite antwortete auf die Frage „Wie kommunizieren Sie unter japanischen Kollegen?" „Wir kommunizieren direkt oder per Mail, weil wir oft ein Dokument in der Hand halten möchten."

Fall eines Teilnehmers: Bei einer Telefonkonferenz mit amerikanischen, deutschen und japanischen Teilnehmern traten die Amerikaner und die Deutschen in regen Austausch. Nach einer halben Stunde fragte plötzlich jemand: „Sind die Japaner noch da?"

Amerikaner und Deutsche sind es gewöhnt, sich selbstbewusst und dominant in Gesprächen zu präsentieren. Japaner neigen eher dazu, zuzuhören und sich anhand der gehörten Informationen ihre Meinung zu bilden, die sie dann äußern, wenn wir ihnen Gelegenheit geben, etwa durch eine längere Pause oder direktes Nachfragen. Es gilt als unhöflich, sich in ein Gespräch einzumischen und den Sprechenden zu unterbrechen. Da aber in unserer westlichen Kommunikation selten Pausen gemacht werden, fühlen sich die Japaner zum Schweigen angehalten.

Für die Praxis

- Hinterfragen Sie Ihre Art zu kommunizieren: Was setze ich an Wissen voraus, was bewirke ich mit meinen Aussagen, wie könnte mein Gegenüber meine Aussagen verstehen?

- Kommunizieren Sie so klar und einfach wie möglich.
- Führen Sie viele Gespräche auf verschiedenen Ebenen.
- Hören Sie zu. Dies klingt selbstverständlich, ist aber häufig von Ungeduld geprägt.
- Achten Sie auf nonverbale Aussagen.
- Fragen Sie nach Meinungen. Bedenken Sie *honne/tatemae.* Wer sagt wann, was, wo (siehe Kapitel Umgang mit Wahrheiten)?
- Achten Sie auf Einschränkungen, diese müssen ernst genommen und eventuell hinterfragt werden.
- Denken Sie daran, dass Sie ständig beobachtet werden. Der Eindruck, den Sie vermitteln, ist wichtig!
- Verhalten Sie sich diplomatisch bei Problemgesprächen. Führen Sie Vier-Augen-Gespräche bei Kritik und Lob.
- Vermeiden Sie Sarkasmus oder Witze, dies wird nicht verstanden und für bare Münze genommen.
- Beachten Sie, dass explizites Lob für eine Sache Kritik für unerwähnte andere Dinge bedeuten kann.

Die Kommunikation auf Englisch ist hier knapp und direkt.

Nonverbale Kommunikation

Hier sehen Sie die Geste *,batsu'*. Gekreuzte Finger, Hände oder Unterarme die allesamt ,Nein' bedeuten.

Deutschland

Wir setzen Mimik und Gestik stark ein um zu zeigen, wie wir uns fühlen. Wir zeigen Ungeduld durch Fingertrommeln, Skepsis durch hochgezogene Augenbrauen, Zweifel durch Stirnrunzeln, Ärger durch Zusammenziehen der Augenbrauen usw. Wie in der verbalen Kommunikation machen wir auch in der nonverbalen Kommunikation gerne klar, was gemeint ist.

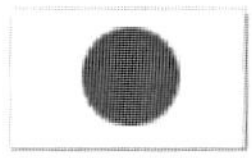

Japan

Japaner sind Meister im Verbergen ihrer Gefühle. An Mimik und Gestik lässt sich wesentlich weniger ablesen als bei uns Deutschen. Es gibt aber einige nonverbale Ausdrücke, die auch Japaner nicht immer unter Kontrolle haben. Überkreuzte Finger oder Hände bedeutet ‚Nein', ein Wedeln mit der flachen Hand ebenfalls.

Oft bewusst eingesetzt, um ‚Nein' oder zumindest größte Bedenken auszudrücken, ohne dies direkt auszusprechen, ist ein hörbares Einsaugen der Luft durch die Zähne. Kommt hier noch ein Zurücklehnen und nach oben Schauen hinzu, verstärkt sich die ablehnende Aussage.

Es gibt eine Besonderheit in der japanischen nonverbalen Kommunikation: Das Schweigen. Je nach Kontext und Situation kann Schweigen sehr verschiedene Bedeutungen haben. Es kann Zustimmung, Ablehnung, Nachdenken, Nichtverstehen oder Druck ausüben bedeuten. Besonders in Verhandlungen wird häufig geschwiegen, wenn eine Forderung im Raum steht, die nicht erfüllt werden kann. Japaner wissen, dass es uns schwer fällt zu schweigen, dass wir Stille, die wir schnell als schmerzhaft empfinden, zu überwinden suchen. Manchmal machen wir in einer solchen Situation Zugeständnisse, die wir nicht machen wollten oder sagen Dinge, die besser ungesagt geblieben wären. Die stärkste Form des Schweigens ist das Schlafen.

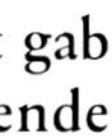

Aus der Praxis

Ein von mir erlebter Fall: An meiner Tokioter Universität gab es einen Vortag eines deutschen Buchautoren. Der einladende Professor hatte Bedenken, dass nicht genügend Zuhörer kommen und bat die Kollegen mit ihren Studenten zu kommen. Der Saal war schließlich gut besetzt und der interessante Vortrag begann. In der ersten Reihe saßen etwa sieben Professoren. Nach wenigen Minuten waren fünf von ihnen eingeschlafen.

Zum Glück war der Referent wohl gut vertraut mit den japanischen Sitten, er sprach einfach weiter, ließ sich nicht verunsichern und nach wenigen Minuten waren auch alle Zuhörer wieder aufmerksam bei der Sache.

Anmerkung eines Teilnehmers: „Ich werde sehr ärgerlich, wenn ich nach Japan fliege, dort eine wichtige Präsentation halte und einige Japaner einfach schlafen."

Auch das Wissen über Kulturunterschiede hilft leider nicht immer dabei, Ärger und schlechte Stimmung zu unterdrücken. Sie bewegen sich in einer fremden Kultur, die Sie nicht verändern können. Was uns verärgert und befremdet, wird hier als normal empfunden.

Es ist in unseren Sitzungsräumen ein absoluter Verstoß gegen die guten Sitten, ein Nickerchen zu halten, während jemand einen Vortrag hält. In Japan ist dies nicht unüblich. Vor allem die höheren Hierarchieebenen nehmen sich diese Auszeit, an der sich niemand stört, zeigt es auch, wie hart man arbeitet und dass man sich diese kleine Auszeit verdient hat. Man informiert sich später über das Versäumte. Manchmal setzen die Vorgesetzten hier auch das nonverbale Zeichen: „Ich vertraue euch, ihr benötigt mein Zutun nicht". Japaner haben völlig andere Schlafgewohnheiten als wir. Es gilt als unnötig, nachts sechs bis acht Stunden zu schlafen. Man versucht, seine Zeit anders zu nutzen. Ein japanischer Angestellter arbeitet noch, nachdem er meist nach Mitternacht mit einer der letzten Bahnen nach Hause gekommen ist und schläft deshalb oft nur vier Stunden in der Nacht.

Schlaf gilt nicht wie in unserer Gesellschaft als besonders schützenswert in Bezug auf Ungestörtheit und Rücksichtnahme der anderen. Schon Babys werden abends zum Schlafen nicht in ein abgedunkeltes kühles Zimmer gelegt, sondern bleiben bei den Eltern, während diese essen oder fernsehen. Japaner lernen also in ihrer Erziehung nicht, dass es feste und geschützte Schlafphasen gibt, während die restlichen 16 Stunden die Wachphase sein sollen. Sie lernen, dass man sich auch tagsüber bei vielen Gelegenheiten ein wenig Schlaf holen kann, um dann erfrischt weiterzumachen.

Wir lernen hingegen in unserer Erziehung, durch Medien und Ärzte, dass Schlafmangel schlecht ist und krank macht. Wer will entscheiden, was stimmt, welches Modell das richtige ist? Zur Erinnerung: Japaner werden statistisch betrachtet am ältesten auf der Welt. An diesem Punkt kann man sehr deutlich sehen, wie wir Menschen von unserer Umgebung und dem, was uns als richtig dargestellt wird, geprägt sind, und dass wir davon überzeugt sind, dass unsere Einstellung die einzig wahre ist.

Falls Sie dieses Thema näher interessiert ‚*Inemuri*: Wie die Japaner schlafen und was wir von ihnen lernen können' von Brigitte Steger ist ein ausgezeichnetes Buch dazu (siehe Kapitel Literaturhinweise).

Ein junger Angestellter, der sich in der Pause in einem Einkaufszentrum ausruht. Keiner der vorbeigehenden Passanten findet dieses Verhalten ungewöhnlich.

Fall eines Teilnehmers: „In einem Meeting meiner Firma wurde 20 Minuten lang geschwiegen. Was soll das? Diese verschwendeten 20 Minuten würde ich abends gerne früher nach Hause gehen."

Japaner kalkulieren nicht mit dem Faktor ‚Feierabend' und Effizienz in unserem Sinne werden Sie in Japan kaum finden. Schweigen hat viele Funktionen, wie oben beschrieben. Lieber verwendet man viel Zeit, um vielleicht zum Ausdruck zu bringen, dass man wütend ist und nicht einverstanden mit einer Sache, als einen offenen Streit zu riskieren. In diesem Fall war Schweigen für den Vorgesetzten der Gruppe das Mittel der Wahl, um seinen Angestellten sein Missfallen deutlich zu machen.

Für die Praxis

- Achten Sie auf kleine Gesten und Mimik. Wenn Sie mit einem Dolmetscher arbeiten, nutzen Sie die Zeit des Übersetzens zum genauen Beobachten.
- Versuchen Sie, Schweigen richtig zu verstehen.
- Verstehen Sie Schweigen beim Nachdenken nicht als Unwissenheit. Japaner lernen, dass es wichtig ist, eine korrekte Antwort zu geben. Wir lernen, dass schnelles Antworten Kompetenz zeigt.
- Kontrollieren Sie die eigene nonverbale Kommunikation. Zeigen Sie hier keine Gefühle, die Sie eigentlich nicht zeigen wollen.
- Achten Sie auf Ihren Blickkontakt; zu langer Blickkontakt wirkt auf Japaner mitunter beängstigend.
- Ältere Japaner kennen die beleidigende Bedeutung des gestreckten Mittelfingers in der westlichen Welt nicht. Man sollte diese Geste im Kontext beurteilen.
- Bewahren Sie Ruhe, wenn Japaner in Meetings einschlafen. Dies stellt keine Respektlosigkeit dar und ist keine Kritik oder Interesselosigkeit an der Sache oder Ihrer Person.
- Lassen Sie sich durch Schweigen nicht unter Druck setzen. Versuchen Sie, es auszuhalten. Falls es nicht mehr geht, wiederholen Sie etwas bereits Gesagtes.

Erstes Treffen

Es gibt viele Untersuchungen, die bestätigen, dass zum Beispiel bei Bewerbungsgesprächen bereits die ersten Momente darüber entscheiden, ob jemand sympathisch wirkt und somit Chancen auf eine Anstellung hat.

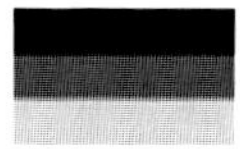

Deutschland

Man sagt: ‚Der erste Eindruck ist der wichtigste' Diese Redewendung bedeutet in unserer Kultur, dass zielsicheres, selbstbewusstes Auftreten wichtig ist. Dazu gehören kräftiger Händedruck, Blickkontakt, eine feste Stimme und eine angemessene Körpersprache. Passende Kleidung ist ebenfalls wichtig, wobei ein gewisser Ausdruck von Individualismus, zum Beispiel eine auffällige Brille oder Schmuck, akzeptiert ist.

Übrigens: Die Sitte des Handgebens ist ein sehr altes Ritual, das fast die Bedeutung eines deutschen Wertes hat. Es ist äußerst unhöflich, jemandem die Hand zu verweigern, es gehört einfach dazu, obwohl wir meist vergessen haben, wo dieses Ritual seinen Ursprung hat. Wir demonstrieren, dass wir unbewaffnet sind, indem wir uns die rechte Hand, die Hand die eine Waffe führt, reichen.

Japan

Die äußere Form ist noch wichtiger als in Deutschland. Wer einen japanischen Sport betreibt, hat diese ritualisierte Form des Begrüßens bereits kennen gelernt. Beispielsweise im Karate oder Judo ist die Ehrerbietung an den Lehrer fester Bestandteil jeder Übungsstunde.

Pünktlichkeit ist bei einem Treffen das erste, überaus wichtige Signal, dass man es mit einem zuverlässigen Partner zu tun hat. Die Begrüßung ist sehr stark ritualisiert. Man überreicht Visitenkarten, verhält sich verbal und nonverbal der jeweils zu begrüßenden Person gegenüber korrekt, gemäß dem japanischen Wertekanon. Die Tiefe der Verbeugung, die Wahl der Höflichkeitsfloskeln, das gesamte Auftreten ist davon abhängig, wie man hierarchisch zueinander steht.

Das japanische Ritual des sich Verneigens drückt Respekt und Anerkennung eines gesellschaftlichen Ranges aus und ist eine Geste des Vertrauens. (Man zeigt seinen ungeschützten Nacken)

Drei junge Japaner, die auf ihr Bewerbungsgespräch warten. Alle drei in konservativer schwarz-weißer Kleidung, dem japanischen Business-Dresscode entsprechend.

Aus der Praxis

Häufig gestellte Frage: „Wie soll ich mich beim Begrüßen verhalten? Soll ich mich verbeugen? Viele Japaner bieten mir die Hand zur Begrüßung an."

Natürlich weiß man in Japan, dass es im Westen Sitte ist, sich zur Begrüßung die Hand zu geben. In Japan hat die Geste des Hände Reichens auch zugenommen, manchmal werden sogar beide Hände genommen, auch um Sympathie auszudrücken. Meist übt die japanische Hand aber keinen Druck aus und fühlt sich deshalb unangenehm an. Bei genauer Beobachtung stellt man allerdings fest, dass sich Japaner neben diesem Händedruck gleichzeitig verbeugen. Am besten verhält man sich situativ: Wenn Ihnen eine Hand angeboten wird, nehmen Sie sie, wenn nicht, versuchen Sie eine Verbeugung zu machen.

Tipps für die Praxis

- Nehmen Sie eine angebotene Hand zur Begrüßung an.
- Werten Sie einen laschen Händedruck nicht als Schwäche.
- Deuten Sie gleichzeitig eine Verbeugung an.
- Halten Sie genügend Körperabstand, es besteht die Gefahr, mit den Köpfen zusammenzustoßen.
- Zwingen Sie niemandem Ihre Hand zur Begrüßung auf. Japanern ist Körperkontakt mit Fremden unangenehm. Versuchen Sie eine Verbeugung.
- Verbeugen Sie sich Ihrem Geschlecht entsprechend richtig: Männer mit den Händen an der Außenseite der Oberschenkel. Frauen mit vor den Oberschenkeln leicht übereinandergelegten Händen.
- Kommen Sie überpünktlich. Etwa zehn Minuten vor dem Termin sollten Sie sich am Treffpunkt einfinden (siehe Kapitel Umgang mit Kunden).

Einige Worte zur ersten Begrüßung

Hajimemashite	Freut mich, Sie kennenzulernen
Maierelektrik no Müller desu	Ich bin Maierelektriks Müller (no zeigt den Genitiv an, der eigene Name wird immer ohne -san benutzt)
Doozo yoroshiku	Auf eine gute Zusammenarbeit

Erwartungen an einen Vorgesetzen

Den Umgang einer Gesellschaft mit Hierarchien hat der niederländische Sozialwissenschaftler Geert Hofstede in seinem im Jahre 2011 in fünfter Auflage erschienenen Standardwerk ‚Global denken, lokal handeln' als Machtdistanz bezeichnet (siehe Kapitel Entscheidungsfindung). Er hat untersucht, wie in verschiedenen Kulturen die ungleiche Verteilung von Macht akzeptiert oder erwartet wird. Hofstede geht bei seiner Grundüberlegung davon aus, dass seine Kulturstandards in allen Kulturen vorhanden sind, aber in stark unterschiedlicher Ausprägung.

Machtdistanz zeigt sich nach Hofstedes Definition z.B. an folgendem Verhalten:

Geringe Machtdistanz

- Ungleichheit unter den Menschen sollte so gering wie möglich sein.
- Eltern behandeln Kinder wie ihresgleichen.
- Lehrer erwarten Eigeninitiative im Unterricht.
- Der ideale Vorgesetzte ist ein Demokrat.
- Statussymbole stoßen auf Missbilligung.
- Regeln werden hinterfragt.

Große Machtdistanz

- Ungleichheit wird von den Menschen erwartet und ist erwünscht.
- Eltern erziehen ihre Kinder zu Gehorsam und erwarten Respekt.
- Die Initiative im Unterricht geht vom Lehrer aus.
- Der ideale Vorgesetzte ist Autokrat und gütiger Vater.
- Statussymbole werden erwartet und sind populär.
- Regeln werden akzeptiert.

Nach dem Punktesystem von Hofstede erhielt Deutschland 35 Punkte und Japan 54 Punkte. Die beiden Extreme sind: Österreich mit 11 Punkten bei geringer Machtdistanz und Malaysia mit 104 Punkten bei großer Machtdistanz. Dieses Ergebnis zeigt, dass es natürlich einen nicht zu unterschätzenden Unterschied zwischen Japan und Deutschland gibt, aber er könnte noch wesentlich größer sein.

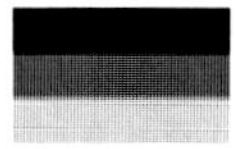

Deutschland

Wir erwarten von einem Vorgesetzten, dass er Empathie zeigt, gleichzeitig aber auch über Durchsetzungskraft verfügt. Er soll Einwände seiner Mitarbeiter gerecht prüfen. Die Zusammenarbeit soll so sein, dass die Mitarbeiter bereit sind, sich für gemeinsame Ziele einzusetzen, er soll die Mitarbeiter von der Richtigkeit der Ziele und des dazu eingeschlagenen Wegs überzeugen. Daneben soll er gut ausgebildet sein und über ein hohes Maß an fachlicher Kompetenz verfügen.

Wir schätzen es, mit einem Vorgesetzten möglichst gleichberechtigt sprechen zu können, akzeptieren aber normalerweise auch Autoritäten.

Einmischung in unser Privatleben verbitten wir uns meist, nur wenn wir selbst aktiv um Hilfe oder Verständnis bitten, erwarten wir ein Aufmerksamwerden auf unsere Situation und ein Entgegenkommen.

Japan

Die Erwartungen an einen japanischen Vorgesetzten sind zum Teil ähnlich wie in Deutschland. Auch hier soll er Empathie zeigen. Dies geht allerdings über das bei uns übliche Maß hinaus. Ein japanischer Vorgesetzter sollte merken oder wissen, wenn ein Mitarbeiter private Probleme hat. Er sollte den Angestellten darauf ansprechen und ihm beispielsweise bei schwerer Krankheit eines Familienmitglieds Hilfe anbieten. Er hat auch heute noch in gewissem Maße dafür zu sorgen, dass seine jungen, unverheirateten Angestellten die Gelegenheit haben, eine Frau kennen zu lernen. Dies tut er entweder durch das Einstellen junger Frauen für Bürotätigkeiten oder sogar, indem er ein Treffen einer ihm bekannten jungen Frau und deren Familie mit der Familie eines seiner Angestellten in die Wege leitet.

Die Hauptaufgabe des japanischen Vorgesetzten ist, dafür zu sorgen, dass seine Mitarbeiter bereit sind, sich für gemeinsame Ziele einzusetzen. Dies tut er, indem er die effiziente Gruppenbildung im Gleichgewicht hält. Er kümmert sich um Konflikte zwischen seinen Mitarbeitern und schafft zumindest eine nach außen hin funktionierende Harmonie.

Durchsetzungskraft wird mitunter auch von japanischen Vorgesetzten erwartet, was sich beispielsweise in ruppigem und lautem Verhalten bei Meetings äußert. Es kann auch durchaus zu einem Anschreien durch den japanischen Vorgesetzten kommen. Sehr langes Schweigen kann ebenfalls diesen Unmut ausdrücken.

Seine außerbetriebliche Ausbildung ist nicht relevant. Wichtig ist die Dauer seiner Zugehörigkeit zur Firma und seine Position in der Firmenhierarchie.

Was er sagt, ist Gesetz und wird befolgt, weil man davon ausgeht, dass er mehr weiß als man selbst und deshalb das Richtige tun wird. Außerdem dient das *nemawashi* dazu, krasse Fehlentscheidungen schon im Vorfeld zu vermeiden (siehe Kapitel Entscheidungsfindung).

Aus dem Film ‚Shogun' nach einem Buch von James Clavell: Anshin-san (Richard Chamberlain), der den Engländer William Adams spielt, stellt die im Westen üblichen Fragen und die Japanerin antwortet auf japanische Art:
Anshin: „Und was dann?"
Japanerin: „Das wird mein Herr uns wissen lassen"
Anshin: „Warum fahren wir nicht nach Edo?"
Japanerin: „Ich weiß es nicht. Ich kann Ihnen nur sagen, dass Fürst Toranaga sehr weise ist. Was immer sein Grund sein mag, er wird bestimmt sehr gut sein."

Aus der Praxis

Fall eines Teilnehmers: „Als ich meine neue Stelle in Japan übernommen habe, war ich beim Eintreffen im Büro sehr überrascht. Nichts war organisiert, noch nicht einmal ein funktionierender Computer stand bereit. Ich habe dann zweibis dreimal freundlich meine Assistentin darum gebeten, den

Computer in Gang setzen zu lassen, aber nichts passierte. Als nach einer Woche immer noch kein Ergebnis vorlag, wurde ich laut.“

Diese Klagen von deutschen Expatriates sind sehr häufig. Japaner gehen davon aus, dass der neue Kollege sich zunächst einmal mit den japanischen Verhältnissen vertraut macht und alles kennen lernt. In dieser Phase ist dann genug Zeit, sich um organisatorische Dinge zu kümmern. Wir Deutsche sind geübt in organisatorischen Dingen, allerdings funktioniert auch der Stellenwechsel zurück nach Deutschland oft ähnlich schlecht, auch hier scheint man mitunter überrascht, wenn plötzlich ein neuer Kollege da ist. Formulare für den Firmenausweis, Firmenhandy usw. müssen da oft auch erst noch besorgt werden.

Deutsche Expatriates in Japan haben ein Lastenheft oder einen Auftrag im Gepäck und sollen in Japan etwas bewegen, deshalb sind sie bestrebt, dies möglichst schnell und effektiv anzugehen. Sie werden dann schnell ungehalten, wenn man sie anscheinend ihre Arbeit nicht machen lässt.

Im oben geschilderten Fall ist es kontraproduktiv, nach wenigen Tagen im neuen Büro das erste Mal laut zu werden. Wahrscheinlich versuchte die Assistentin ihr Möglichstes, aber in Japan ist die Bürokratie noch schwerfälliger als in Deutschland und wenn keine Anträge auf bestimmte Dinge vorliegen, dauert es seine Zeit, bis sie bewilligt, besorgt und installiert sind.

Auch wenn japanische Chefs in manchen Situationen laut werden, sollten Sie als Ausländer nicht zu diesem Mittel greifen. Die Gefahr, die für Japaner akzeptable Grenze zu überschreiten, ist groß. Im schlimmsten Fall kündigt der betroffene Mitarbeiter und es ist nach wie vor schwierig, als ausländisches Unternehmen gute Mitarbeiter zu finden, außerdem gibt es 2017 statistisch Vollbeschäftigung, auf einen Bewerber kommen rund 1,5 freie Stellen. Die Reaktion japanischer Unternehmen hierauf ist, feste Anstellungen statt Zeitarbeit anzubieten.

Fall eines Teilnehmers: „Bei unserer japanischen Niederlassung fand ein Grillfest statt. Nach dem Fest fuhr einer der Angestellten angetrunken nach Hause und hatte einen Unfall,

bei dem er sich einen Arm brach. Zur Verantwortung sollte der betreffende Gruppenleiter sowie der Abteilungsleiter gezogen werden, obwohl der Abteilungsleiter nicht einmal beim Fest anwesend war. Der Firmenchef sah vor, den beiden die Bonuszahlungen streichen zu lassen. Nur auf Intervention der deutschen Seite blieb der Abteilungsleiter von der Bestrafung ausgenommen."

Aus deutscher Sicht ist dieses Vorgehen ungerecht und unverständlich. Wir gehen davon aus, dass jedes Individuum für sich selbst verantwortlich ist. Dass ein Vorgesetzter in einem solchen Fall zur Rechenschaft gezogen wird, noch dazu ein weiterer, der nicht anwesend war, ist bei uns undenkbar.

Aus japanischer Sicht ist die Verantwortung, die ein Vorgesetzter gegenüber seinen Mitarbeitern hat, wesentlich weitreichender. Er muss selbst Dinge verantworten, die er nicht beeinflussen kann, er hat aus japanischer Sicht seine Fürsorgepflicht verletzt (siehe Kapitel Seniorität und Hierarchie).

Dazu muss man noch wissen, dass diese Bestrafung sehr schmerzhaft ist. Die Bonuszahlungen sind ein hoher Bestandteil des Gehalts und japanische Arbeitnehmer rechnen fest mit diesem Geld, das sich mehr nach dem Firmen- als dem individuellen Erfolg bemisst. Es handelt sich meist um einen Betrag zwischen zwei bis sechs Monatsgehältern, je nach Situation der Firma.

Fall eines Teilnehmers: „Eine junge deutsche Praktikantin arbeitete seit einigen Wochen in meiner Abteilung in Japan. An einem Wochenende wollte sie sich mit mir, einigen Kollegen und auch einem japanischen Vorgesetzten das Tokioter Nachtleben anschauen. Das Ziel war das Stadtviertel Roppongi, bekannt für viele internationale Clubs und Kneipen. Gegen 24.00 Uhr fahren die letzten Züge und die Kollegen entschieden, nach Hause zu fahren. Die Praktikantin wollte aber über Nacht bleiben und ließ sich nicht zum Mitkommen bewegen. Ich versuchte noch zu vermitteln, aber ohne Erfolg. Der japanische Vorgesetzte beschloss daraufhin, sie nicht alleine zu lassen und blieb ebenfalls bis zum Morgen."

Auch hier ein Beispiel dafür, wie weit die Verantwortung einer japanischen Führungskraft reicht. In Deutschland würde man davon ausgehen, dass jeder für sich selbst verantwortlich ist und die Folgen selbst trägt. In Japan trägt der Vorgesetzte die Verantwortung, auch in den privaten Bereich hineinragend. Eine japanische Führungskraft ist mindestens 40 Jahre alt, hat Familie und das letzte, was der oben beschriebene Chef wollte, war wahrscheinlich bis morgens zu bleiben. Bis er schließlich zu Hause war, war es im besten Fall 6.00 Uhr am Morgen.

Die deutsche Praktikantin hat sich keinen Gefallen getan mit ihrem individualistisch geprägten Wunsch, die Gruppe zu verlassen und als Einzige zu bleiben. Dies ist ein Verstoß gegen die japanischen Regeln, der großes Missfallen erregt und für negative Stimmung sorgt. Dazu kommt noch, dass es in Japan unüblich ist, als Frau nachts alleine wegzugehen und schnell darüber geredet wird.

Übrigens: Tokio ist statistisch gesehen eine der sichersten westlich geprägten Megacitys der Welt.

Rückmeldung eines Teilnehmers: „In Japan sind drei Dinge besonders wichtig: Geduld, Geduld, Geduld."

Aus sicher manchmal leidvoller Erfahrung ausgesprochene Erkenntnis eines von mir betreuten Expatriates mit Führungsverantwortung.

Für die Praxis

Wenn Sie selbst Vorgesetzter von japanischen Mitarbeitern sind:

- Haben Sie Geduld.
- Nehmen Sie sich Zeit, Ihre Mitarbeiter kennen zu lernen.
- Urteilen Sie nicht so schnell wie in Deutschland
- Beobachten Sie länger, bevor Sie Entscheidungen treffen.
- Üben Sie Kritik und Lob möglichst unter vier Augen, auch wenn japanische Vorgesetzte sich mitunter direkt und verletzend verhalten, sollten Sie diesem Beispiel nur im sehr bewusst eingesetzten Einzelfall folgen.

- Gehen Sie von Zeit zu Zeit mit Ihren Mitarbeitern am Abend aus. Dabei wird erwartet, dass Sie einen größeren Teil der Rechnung übernehmen, z.B. alle Getränke bezahlen. Die Speisen werden dann von den Anwesenden anteilig bezahlt.
- Verhalten Sie sich freundlich im Umgang, sprechen Sie alle mit dem höflichen Namenszusatz *–san* an. Auch wenn Sie über Dritte sprechen sollten sie *–san* benutzen.
- Geben Sie sich nie von oben herab.
- Lassen Sie Ihre Mitarbeiter selbst Lösungen suchen, indem Sie Aufgaben stellen (ein gutes Beispiel hierfür ist das Agieren Carlos Ghosns bei der Sanierung Nissans. Herr Ghosn schildert sein Vorgehen in ‚Ein Unternehmen retten, ohne seine Identität zu zerstören', erhältlich bei harvardbusinessmanager.de).
- Führen Sie Ihre Mitarbeiter enger als in Deutschland.
- Geben Sie keine zu langfristigen Aufgaben. Überprüfen Sie das Vorankommen von Aufgaben, z.B. indem Sie nachfragen und eventuell zusätzliche Hilfe anbieten.
- Reagieren Sie nicht ungeduldig, wenn Mitarbeiter ihre Arbeitsergebnisse mit Ihnen besprechen möchten.
- Erwarten Sie nicht, dass Japaner so selbständig arbeiten wie Deutsche.
- Versuchen Sie nach und nach, Ihre Mitarbeiter an selbstständigeres Arbeiten zu gewöhnen.
- Nehmen Sie Einladungen zu privaten Anlässen (Hochzeiten, Beerdigungen) Ihrer Mitarbeiter an. Erkundigen Sie sich nach der angemessenen Höhe der erwarteten Geldgeschenke, die sich nach Ihrer Position im Unternehmen bemessen (siehe Kapitel Geschenke).
- Erkundigen Sie sich nach dem Befinden von Mitarbeitern, die krank sind.
- Verordnen Sie Zwangspausen, wenn Sie feststellen, dass ein Mitarbeiter überarbeitet ist.

Erwartungen an Mitarbeiter

Bei Geert Hofstedes Untersuchungen (siehe Kapitel Entscheidungsfindung) gibt es die Kulturdimension Individualismus/Kollektivismus. Hofstede geht hier ebenfalls davon aus, dass in allen Kulturen dieser Kulturstandard existiert und sie entweder stärker kollektivistisch oder stärker individualistisch eingestellt sind. Je stärker der Individualismus, desto stärker werden die Rechte des Individuums geschützt. Selbstbestimmung und Eigenverantwortung werden dann als wichtige Merkmale in einer Gesellschaft betrachtet.

Nach Hofstedes Theorie zeichnen beispielsweise folgende Punkte Individualismus oder Kollektivismus aus.

Kollektivismus

- High-context-communication
- Kinder lernen früh, in Wir-Kategorien zu denken.
- Es ist wichtig, Harmonie zu bewahren und Auseinandersetzungen zu vermeiden.
- Beziehung hat Vorrang vor Aufgabe.
- Die Beziehung Arbeitgeber-Arbeitnehmer wird an moralischen Maßstäben gemessen.

Individualismus

- Low-context-communication
- Kinder lernen früh in Ich-Kategorien zu denken.
- Ein aufrichtiger Mensch ist, wer seine Meinung äußert.
- Aufgabe hat Vorrang vor Beziehung.
- Die Beziehung Arbeitgeber-Arbeitnehmer ist ein Vertrag von gegenseitigem Nutzen.

Die Punkteskala reicht hierbei von 6 Punkten bei Guatemala, was die stärkste Kollektivismusausprägung darstellt, bis zu 91 Punkten für die USA, 90 für Australien und 89 für Großbritannien, was eine sehr starke Individualismusausprägung zeigt. Japan hat 46 Punkte, ist also eher kollektivistisch und Deutschland 67 Punkte und ist damit eher individualistisch.

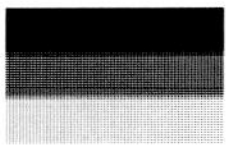

Deutschland

Für uns ist der Individualismus im Vergleich mit anderen Kulturen relativ wichtig. Selbstbestimmung, Eigenverantwortung und das Durchsetzen eigener Interessen und Meinungen stellen in unserer Ausbildung und Erziehung wichtige Ziele dar. Eltern antworteten bei einer Umfrage (*http://de.statista.com*) auf die Frage nach ihren Erziehungszielen zu 73% ‚Durchsetzungsvermögen'. Auch im Berufsleben sind diese Einstellungen und Verhaltensweisen wichtig, um Karriere zu machen. Von einem Mitarbeiter erwarten Unternehmen Loyalität, Fachwissen, soziale Fähigkeiten und Methodenkompetenz. Aus all diesen Dingen soll Handlungskompetenz resultieren. Wir erwarten von einem Mitarbeiter selbstständiges Denken und Handeln. Er soll durchaus auch hierarchisch höher stehende Personen auf Fehler und Probleme hinweisen. Ein gutes Beispiel dafür ist das in vielen Firmen jährlich durchgeführte Jahresgespräch, in dem sowohl der Mitarbeiter seinen Vorgesetzten beurteilt wie umgekehrt. Gemeinsam werden dann die Ziele für das nächste Jahr festgelegt.

Japan

Schon im Kindergarten ist das wichtigste Erziehungsziel, dem Kind soziales Verhalten in der Gruppe beizubringen. Die Gruppe wird früh als etwas Positives kennengelernt. Man erfährt hier Schutz und Fürsorge, ist Teil eines größeren Ganzen und geht darin auf. Später wird die Firma fast wie eine Familie betrachtet. Dies reicht für unser Verständnis zu weit hinein in private Dinge. Beispielsweise wohnen viele Japaner in Firmenwohnheimen, vor allem, wenn sie noch nicht verheiratet sind. Diese Wohnheime befinden sich oft auf dem Firmengelände oder direkt daneben und bieten außer einer extrem geringen Miete viele Annehmlichkeiten, wie Hausmeisterservice und eine Kantine(oft sind Frühstück und Abendessen in der Miete inbegriffen). Damit verbunden ist aber auch eine große soziale Kontrolle.

Außerdem achten viele Firmen darauf, dass ihre Mitarbeiter regelmäßig auf die große Gruppe Firma eingeschworen werden.

Es gibt Firmenhymnen, Firmengelöbnisse und in vielen Unternehmen macht man gemeinsame Sportübungen. Auch das gemeinsame Aufsagen von Firmenwerten soll die Gemeinschaft und die Loyalität stärken. Konosuke Matsushita, der Gründer von Matsushita Electric Corporation, heute Panasonic, verlangte von seinen Angestellten, jeden Tag die sieben Firmengrundsätze laut zu sprechen. Zu ihnen gehörten: Ehrlichkeit und Fairness, Teamwork im Sinne der gemeinsamen Sache sowie Höflichkeit und Demut (siehe Kapitel Literaturhinweise ‚Matsushita'). Auch heute kann man manchmal sehen, wie Mitarbeiter morgens gemeinsam eingeschworen werden. Selbst am Flughafen verbeugen sich bei Schichtwechsel alle Angestellten miteinander und sprechen ein gemeinsames Grußwort vor den Augen der bereits wartenden Passagiere.

Die Fachkenntnis eines Angestellten spielt bei seinem Eintritt ins Unternehmen eine untergeordnete Rolle. Traditionelle größere japanische Unternehmen setzen auf ein Trainee Modell. Sie bilden die Absolventen selbst aus und lassen sie viele Abteilungen des Unternehmens durchlaufen. Viel wichtiger als bereits vorhandenes Fachwissen ist das korrekte Verhalten in der Gruppe. Nur wer die Regeln einhält und sich richtig verhält, hat die Chance auf Aufstieg. Natürlich sind auch die Arbeitsleistungen wichtig, aber sie stehen nicht so sehr im Fokus wie in unserem Geschäftsleben. Für die Einarbeitungsphase wird wesentlich mehr Zeit als in Deutschland eingeplant, was durch die eher generalistisch orientierte Ausbildung an den Universitäten auch nötig ist. Der Vorgesetzte berichtet jährlich mehrmals an die Personalabteilung und dort wird über die weiteren Karriereschritte entschieden. In großen ausländischen Unternehmen versucht man das Führungsinstrument Jahresgespräch auch in Japan einzusetzen. Gegen Jahresende berichten japanische Angestellte in den Medien dann regelmäßig von Stress und Angst vor diesen Gesprächen.

Die Angestellten werden deutlich enger geführt, als wir es kennen. Sie arbeiten im Team, Entscheidungen werden gemeinsam getroffen und deshalb trägt der Einzelne auch keine Verantwortung. Für Erfolg und Misserfolg ist die Gemeinschaft verantwortlich.

Aus der Praxis

Fall eines Teilnehmers: „Nach einem gemeinsamen Kirschblütenfest mit Kollegen fuhr ein angetrunkener Angestellter gegen eine Holzbrücke, die abbrannte. Dieses Ereignis wurde natürlich auch im japanischen Fernsehen gezeigt. In Japan werden dabei Name und Alter des Beteiligten genannt und hier auch der Firmenname. Die Firma wurde dadurch öffentlich in Misskredit gebracht. Die Folge war, dass der bis dahin verdiente Angestellte drastisch degradiert wurde, er fand seinen Schreibtisch einige Etagen tiefer wieder und war dort für das Sortieren von Akten zuständig, was er geduldig ertrug. Bei der nächsten Beförderungswelle wurde er aber nicht vergessen und war danach wieder integriertes Mitglied seiner Abteilung."

Dieser Fall zeigt, dass es ein schweres Vergehen ist, die gemeinsame Gruppe in Misskredit zu bringen. Dieses Vergehen wird drastisch bestraft. Wenn der Mitarbeiter die Bestrafung aber akzeptiert und loyal zu seiner Gruppe und seinem Unternehmen bleibt, wird er nach gewisser Zeit rehabilitiert und findet wieder Aufnahme in der Gruppe.

Für die Praxis

Wenn Sie als Angestellter für ein japanisches Unternehmen arbeiten:

- Denken Sie immer daran, dass Sie beobachtet werden und dass alle alles über Sie wissen.
- Bringen Sie Ihre Firma nicht in Schwierigkeiten. Ihr Visum ist über Ihr Unternehmen ausgestellt worden und viele kleine Verfehlungen werden automatisch an die Firma gemeldet. Wenn Sie beispielsweise einen Firmenwagen im Parkverbot abstellen, geht der Gebührenbescheid an das Unternehmen, dort müssen sich Kollegen damit beschäftigen und reden darüber.
- Halten Sie sich an die Regeln. Sie werden sie nicht ändern können, auch wenn sie noch so unsinnig erscheinen.

- Orientieren Sie Ihr Verhalten an japanischen Gepflogenheiten. Niemand verlangt, dass Sie Japaner werden, aber um erfolgreich zu sein, müssen Sie sich Begriffe wie Harmonie, Gesicht wahren, Gruppenloyalität zu eigen machen.
- Haben Sie Geduld bei der Durchführung Ihrer Aufgabe und bei der Zusammenarbeit mit Ihren Kollegen.
- Lernen Sie Japanisch. Je mehr, umso besser. Man wird nicht mehr ernst genommen, wenn man auch nach Jahren in Japan nur ‚Guten Tag' und ‚Prost' sagen kann.
- Suchen Sie sich einen oder zwei Vertraute, die Sie um Rat bitten können.
- Gehen Sie auf Ihre Kollegen zu, indem Sie um Hilfe bitten.
- Üben Sie sich in ein wenig in Bescheidenheit. Es kommt besser an, wenn man auf ein Lob antwortet: „Ich muss noch viel lernen" als „Ja, nicht wahr, ich habe mich auch sehr angestrengt"
- Erwarten Sie am Arbeitsplatz keine persönlichen Gespräche, z.B. nach dem Wochenende oder bei Geburtstagen.
- Halten Sie sich an Gesetze!! Auch wenn man es kaum glauben möchte: Manche Expatriates denken, dass sie sich über bestimmte Gesetze hinwegsetzen können. Es ist ihnen beispielsweise lästig, den japanischen Führerschein zu beantragen, nach dem Motto: „Wenn der internationale Führerschein auf der ganzen Welt gültig ist, wird es hier auch für ein paar Jahre ausreichen". Es reicht nicht aus und japanische Behörden lassen nicht mit sich spaßen. Sie kennen nur die Nulltoleranzregel. Es gibt keine Ausnahmen. Auch der ‚Ausländerbonus', den es in der Vergangenheit gab, wird immer seltener. Besonders drastisch sind die Strafen bei Alkohol am Steuer. Es gibt immer wieder von Ausländern geschriebene Berichte in japanischen Zeitungen, in denen sie sich darüber beklagen, wegen vermeintlicher Lappalien wie Wutausbrüchen mit Sachbeschädigung einige Tage in japanischen Gefängnissen verbracht zu haben. Während in Deutschland die Polizei bei einem zerschlagenen Blumenkübel wahr-

scheinlich noch nicht einmal kommen würde, sitzt man in Japan schnell einmal eine Nacht auf dem Revier und muss eine Aussage machen. Auch die deutschen Arbeitgeber haben für solches Fehlverhalten ihrer Mitarbeiter kein Verständnis.

Mitarbeiter müssen häufig Außentermine wahrnehmen.

Informelle Treffen

In sehr vielen Kulturen schätzt man die Möglichkeit, sich außerhalb des Büros in ungezwungenem Rahmen mit Kollegen zu treffen, sich dabei besser kennen zu lernen, aber auch über geschäftliche Themen zu sprechen. Oft werden hier die eigentlichen Absprachen und Entscheidungen getroffen.

Deutschland

Wir trennen sehr stark zwischen dem beruflichen und dem privaten Teil unseres Lebens. Dabei handeln wir strikt nach dem Motto ‚Bier ist Bier und Schnaps ist Schnaps'. Während der Arbeit arbeiten wir, in der Freizeit leben wir. Wenn wir nicht durch bestimmte Lebensumstände wie Umzug darauf angewiesen sind, neue Freunde zu finden und dann auch schnell private Kontakte zu Kollegen suchen, vermeiden wir es, Freundschaften mit Kollegen zu schließen. Dies geschieht im Normalfall erst, wenn wir uns schon lange kennen. Wir haben oft Bedenken, dass das freundschaftliche Duzen zu Problemen im Geschäftsalltag führen kann. Ein ‚Du' zurückzunehmen ist praktisch nicht möglich und tagsüber das höfliche ‚Sie', aber abends das freundschaftliche ‚Du' zu verwenden, kommt für uns auch nicht in Frage.

Selbst wenn wir mit einzelnen Kollegen Freundschaften pflegen, kommt es selten vor, dass die ganze Arbeitsgruppe gemeinsam etwas unternimmt. Mehr als eine Grillfeier im Sommer und vielleicht eine Weihnachtsfeier im Dezember finden in der Regel nicht statt und auch bei diesen Gelegenheiten gibt es Kollegen, die nicht teilnehmen. Allerdings ist es in Deutschland nicht unüblich, auch die Lebenspartner bei einer solchen Feier einzubeziehen.

In der Firma arbeiten wir, private Dinge werden nur mit manchen Kollegen ausgetauscht. Wir verhalten uns dann distanziert, korrekt und zeigen wenig Emotionen. Diese strikte Trennung unserer Lebensbereiche dient zwei Zielen: Möglichst gute und effiziente Arbeitsleistung auf der einen Seite und auf der anderen Seite vollkommenes Abschalten vom Beruf zur Regeneration und Zeit für die Familie.

Innerhalb des Arbeitsalltags trennen wir sehr stark in formelle und informelle Bereiche. Wir möchten, dass alles seinen korrekten und offiziellen Weg geht. Wichtige Dinge werden in Meetings besprochen, danach schriftlich festgehalten und sind somit für jeden nachvollziehbar. Informell ausgetauschte Einzelheiten werden anschließend in den passenden Meetings offiziell besprochen und somit auch jedem Anwesenden zur Kenntnis gegeben.

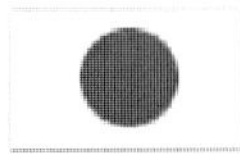

Japan

Auch Japaner verhalten sich im Berufsleben sehr formell. Die Hierarchien müssen genau eingehalten werden. Es gibt feste Regeln, wie man wen innerhalb der Firmenhierarchie anzusprechen hat. Im Büro werden fast keine persönlichen Dinge ausgetauscht. Auch das in Deutschland häufig vorkommende Feiern von Geburtstagen, Einständen, Ausständen oder anderen Anlässen in der Frühstückspause mit Kuchen und Sekt in der Firma ist undenkbar. Neben den Regeln im Verhalten unter Kollegen gibt es zahlreiche von jedem neuen Angestellten zu erlernende Richtlinien, wie man sich nach außen zu verhalten hat; beispielsweise welcher Kunde wie wichtig ist, wie die Firma nach außen zu vertreten ist und ähnliches. Japaner sind während ihrer Arbeitszeit ständig darauf bedacht, sich korrekt zu verhalten, die Harmonie nicht zu stören und sich gut in die Gruppe einzufügen. Dies bedeutet natürlich auch, seine Meinung nicht offen zu äußern, vor allem nicht im größeren Kreis. Emotionen zu zeigen ist absolut unangebracht.

Da natürlich auch in Japan manche Dinge ausgesprochen werden müssen, diese aber wegen des strikten Verhaltenskodex´ nicht im offiziellen Rahmen geäußert werden können, gibt es informelle Möglichkeiten dies zu tun. Das abendliche Ausgehen mit japanischen Kollegen ist ein Mythos im Rest der Welt, der durchaus seine Richtigkeit hat. In wirtschaftlich stabilen Zeiten hatten die Firmen sogar ein Ausgehbudget für ihre Abteilungen. Man betrachtet dieses soziale Miteinander als Arbeitszeit mit sehr wichtiger Funktion, aber natürlich ohne Bezahlung. Die

Gruppe geht gemeinsam aus, sich ausklinken ist schwierig und wird nicht gerne gesehen. Dieses abendliche Trinkengehen bezeichnen Japaner als *nominication*, was sich zusammensetzt aus *nomi*-trinken und *-nication* aus *communication*. Es ist also eine Trinkkommunikation, die sich hier allabendlich in den japanischen Kneipen abspielt. Es herrscht angesichts des Klischees über zugeknöpfte Japaner eine unglaublich fröhliche Stimmung, bei der auch die Betrunkenen äußerst selten aggressiv werden. Alkohol ist das Mittel, das die Zungen löst. Er dient aber auch als Vorwand. Oft sind die Kollegen nicht so betrunken, wie es den Anschein macht, aber dies ist ihre Absicherung für eventuelle Irritationen über geäußerte Kritik. Auch die Möglichkeit des *nemawashi*, die Vorbereitung neuer Ideen und Projekte, (siehe Kapitel Entscheidungsfindung), ist hier gegeben. *Honne*, die wahre Meinung, kann ebenfalls vorsichtig von einzelnen Kollegen erfragt werden (siehe Kapitel Umgang mit Wahrheiten). Das Mitbringen eines Lebenspartners ist nicht vorgesehen. Nach zwei Stunden wird gemeinsam bezahlt und wer möchte, kann sich nun verabschieden. Oft folgen dann in der kleiner gewordenen Gruppe erneut zwei Stunden in einer anderen Bar. Es passiert mitunter, dass sich einzelne Kollegen tatsächlich stark betrinken. Sie werden dann natürlich gemeinschaftlich in ein Taxi gesetzt oder mit dem Zug nach Hause begleitet. Dieses in Deutschland absolut inakzeptable Verhalten gilt in Japan als Vertrauensbeweis der Gruppe gegenüber und wird nicht kritisiert oder gar mit Alkoholismus in Verbindung gebracht.

Zahlreiche Japaner vertragen Alkohol so gut wie Europäer, aber es gibt tatsächlich auch viele Japaner, die Alkohol überhaupt nicht vertragen, da ihnen das Enzym ADH fehlt. Die Auswirkungen von Alkohol bei diesen Menschen sind unangenehm, manchen wird übel, andere bekommen rote Gesichter.

Karaoke

Neben der *nominication* geht man auch gerne zum *karaoke*. *Karaoke* ist eine japanisch-englische Wortkreation: *Kara* bedeutet leer und *oke* leitet sich vom englischen *orchestra* ab.

Üblicherweise mietet man in einer *karaoke*-Bar einen der Gruppengröße angemessenen Raum und man ist unter sich. Jeder muss singen und zur Erheiterung oder Erbauung der Kollegen beitragen.

Onsen

Häufig unternimmt man auch gemeinsame Ausflüge mit Kollegen am Wochenende. Manche Firmen besitzen Wochenendherbergen auf dem Land. Sehr beliebt ist es, zum Golfspielen zu fahren, mit Besuch einer heißen Quelle (*onsen*) und anschließender *nominication*, bei der dann alle selbstverständlich den Hotel-*yukata* (eine Art Bademantel) tragen. Dies wäre uns wahrscheinlich peinlich, Japaner finden es normal. *Onsen* sind eine japanische Institution, auf die Japaner stolz sind. Jahrhunderte bevor das Wort ‚Wellness' in Mode kam, betrieben die Japaner diese Art der Erholung bereits. In vielen Landesteilen gibt es diese heißen Quellen, zum Teil mit angeschlossenen Hotels, aber auch für Tagesbesucher geöffnet. Das Wasser ist mit 42°C bis 44°C für Europäer unglaublich heiß. Wenn man es hinein geschafft hat, heißt es möglichst wenig bewegen, dann merkt man die Hitze nicht so stark. Es gibt unzählige *onsen*, sie reichen von kleinen Erdlöchern mit unzureichenden Umkleidemöglichkeiten bis hin zu Wellnessoasen mit angegliederten Luxushotels. Wer Japan kennen lernen möchte, muss diese urjapanische Art der Pflege des Körpers und der Seele erleben. Es gibt spezielle Reiseführer für *onsen* und es lohnt, sich zu informieren, denn es gibt viele besondere Orte mit heißen Quellen. Es ist unvergesslich, mit Bier oder warmem Reiswein im heißen Wasser zu sitzen, umgeben von Schnee, mit Blick auf den Berg Fuji. Oder in einer heißen Quelle, beobachtet von wilden Affen, die ihr privates Badezimmer wieder in Besitz nehmen, wenn die Touristen den Ort verlassen haben. *Onsen* sind fast immer nach Geschlechtern getrennt, nur auf dem Land, beispielsweise im hohen Norden der Hauptinsel Honshu gibt es manchmal gemischte *onsen*. Fast alle *onsen* gelten als Heilquellen für unterschiedliche Krankheiten, das Quellwasser ist auch trinkbar.

Hanami

Hanami (Blüten anschauen) bezeichnet das weltweit bekannte und legendäre Kirschblütenfest. In Tokio findet dieses Spektakel

Ende März, Anfang April statt und die Nation wird wochenlang über den Verlauf der ‚Kirschblütenfront' vom Süden in den Norden unterrichtet. Eine möglichst genaue Vorhersage der voll geöffneten Blüten ist wichtig, weil dann jeder Japaner mit Familie und Freunden, aber natürlich auch mit Kollegen zum Essen und Trinken in die Parks und Tempelgärten zieht. In den Firmen ist dieses Beisammensein so organisiert, dass der Jüngste der Gruppe vormittags bereits in den Park geht, seine große blaue Plane ausbreitet und so den Platz für die nachmittags nachkommenden Kollegen frei hält. Es fließt viel Alkohol bei diesem Fest und besonders gut ausgestattete Gruppen bringen sogar eine *Karaoke*-Box mit.

Man ist bei all diesen Unternehmungen sehr ausgelassen bis kindisch, sagt sich Dinge, die im Büro unaussprechlich sind und dann kommt für uns Deutsche die große Überraschung: Am nächsten Morgen im Büro sind die Krawatten wieder korrekt gebunden und das Entschuldigen und Verbeugen geht seinen gewohnten Gang. In informellen Situationen ausgesprochene Dinge werden im formellen Rahmen nicht wiederholt. Die erhaltenen Informationen kann man nutzen, aber nicht noch einmal direkt darauf eingehen. Auch über unangebrachtes und betrunkenes Verhalten wird nicht mehr gesprochen.

Aus der Praxis

Häufig gestellte Frage: „Wie oft muss ich mit meinen Kollegen trinken gehen?"

Diese Frage wird oft gestellt und ist schwer zu beantworten, es gibt keine generelle Regel. Es gibt in größeren Firmen sogenannte *nozangyoo-dee* (*no* vom englischen nein, *zangyo* ist japanisch für Überstunden, *dee* vom englischen day). An diesen Tagen sind Überstunden nicht erlaubt. Alle müssen zu einer definierten Uhrzeit das Büro verlassen und es wird oft erwartet, dass man dann nicht nach Hause geht, sondern mit den Kollegen gemeinsam ein Restaurant oder eine Bar besucht.

Falls das gemeinschaftliche Ausgehen nur einmal monatlich stattfindet, sollte man jedes Mal mitgehen. Je öfter gemeinsam ausgegangen wird, umso öfter können Sie sich auch mal entschuldigen. Japaner wissen, dass wir mehr Zeit mit unseren Familien verbringen, aber es kann passieren, dass Sie beim nächsten Mal scherzhaft als Pantoffelheld bezeichnet werden. Dies lässt sich mit einem Scherz kontern, beispielsweise mit der Frage, wie viel Taschengeld der Betroffene wöchentlich von seiner Ehefrau erhält, was in etwa 95% der Fälle ins Schwarze trifft.

Von steifer Zurückhaltung keine Spur: Eine ausgelassene Runde beim *nominication* in einer Tokioter *izakaya.* Diese mir völlig unbekannte Gruppe freute sich über das Interesse und setzte sich in Pose.

Anmerkung japanischer Teilnehmer: „Wir wären sehr enttäuscht, wenn unser deutscher Chef nicht manchmal mit uns trinken gehen würde."

Diese Bemerkung wurde bei einem meiner Trainings mit einer japanischen Gruppe geäußert. Sie zeigt, wie wichtig den japanischen Angestellten diese gemeinsamen Unternehmungen sind. Sie sind nach wie vor wichtiger Bestandteil der japanischen Unternehmenskultur.

Für die Praxis

- Nehmen Sie an informellen Treffen teil, dazu müssen Sie vielleicht bei Kollegen Interesse daran äußern. Als Expatriate werden Sie die erste *nominication* in Form Ihrer Einstandsparty erleben, die für Sie organisiert und bezahlt wird.
- Vergessen Sie nicht, dass Sie beobachtet werden. Es geht nicht nur um das Gesagte, sondern auch um Ihr Verhalten. Scheinbar belangloser Smalltalk und Scherze zeigen Einstellungen und Fähigkeiten.
- Trinken Sie vorsichtig. Die Gläser sind klein und es wird ständig nachgeschenkt, man verliert schnell den Überblick.
- Passen Sie Ihr Verhalten dem der Japaner an. Es gibt auch informelle Treffen, die relativ formell ablaufen, z.B. in teuren Restaurants.
- Schenken Sie sich nicht selbst ein. Wenn Ihnen jemand nachgeschenkt hat, nehmen Sie die Flasche in beide Hände und schenken Ihrerseits dem anderen nach. Ihr eigenes Glas sollten Sie beim Nachschenken anheben, besonders höflich ist dies mit beiden Händen.
- Lehnen Sie nicht ab, den gemeinsamen Toast zu trinken, Sie können auch nur leicht am Bier nippen. Wenn Sie keinen Alkohol trinken möchten, müssen Sie auch nicht trinken. Sie können sagen, dass Sie keinen Alkohol vertragen. Da sich auch viele Japaner wegen eines fehlenden Enzyms zum Abbau von Alkohol mit dem Konsum zurückhalten, ist dies allgemein akzeptiert.
- Lassen Sie Ihr Glas voll, wenn Sie genug haben.
- Fahren Sie niemals Auto, wenn Sie Alkohol getrunken haben. Die Strafen sind drastisch. Dem Fahrer drohen bis zu 5 Jahren Freiheitsentzug und den Beifahrern eines angetrunkenen Fahrers hohe Geldstrafen.
- Teilen Sie gemeinsam mit den anderen die Rechnung, aber bitte nach japanischer Art, die Rechnung wird durch alle Anwesenden geteilt, ohne einzelne Posten herauszu-

rechnen. Oft variiert der eigene Beitrag nach Status in der Hierarchie. Vorgesetzte zahlen einen höheren Betrag.

Karaoke

- Wählen Sie einfache Popsongs; alte Lieder von den Beatles oder Rod Stewart sind gut geeignet. Mit Rocksongs sollten sie vorsichtig sein, sie sind schwer zu singen.
- Lernen Sie ein japanisches Lied und die Herzen der Japaner werden Ihnen zufliegen. ‚*Ue o muite*' ist recht einfach zu singen und zum Üben im Internet leicht zu finden, z.B. auf ‚*youtube*'.
- Zieren Sie sich nicht zu lange. Wenn Sie der Gruppe ein wenig näher kommen wollen, müssen Sie singen, egal wie unbegabt Sie sind.
- Lassen Sie auch die anderen singen. Leute, die das Mikrofon nicht mehr weitergeben, sind nicht beliebt.
- Vermeiden Sie Frank Sinatras ‚*My way*'. Dieser Song wird meist vom anwesenden Ranghöchsten als letztes Lied gesungen.

Onsen

- Ziehen Sie sich in einem Gemeinschaftsraum aus und legen Sie Ihre Sachen in einen Korb, wie die Japaner auch.
- Waschen Sie sich im Waschraum gründlich und entfernen Sie jeglichen Seifenschaum, bevor Sie in das heiße Wasser steigen.
- Bringen Sie am besten Seife und Handtuch mit. Jeder *onsen* hat andere Bedingungen. Manchmal stehen diese Dinge zur Verfügung, manchmal nicht.
- Benutzen Sie niemals Seife in großen Becken, auch in Gemeinschaftsbädern, z.B. im Hotel, dürfen Sie dies nicht tun. Diese Wasserbecken dienen nur der Entspannung, nicht der Körperreinigung.
- Baden Sie nackt, wie die Japaner, aber außerhalb des Beckens sollten Sie sich das kleine *onsen*-Handtuch vor den Körper halten.

Hanami

- Verhalten Sie sich einfach so, wie es die Japaner tun.
- Ziehen Sie die Schuhe aus, bevor Sie die auf dem Boden ausgebreitete Plastikplane betreten.
- Falls Sie sich zur Kirschblütenzeit in Hiroshima aufhalten, sollten Sie den Friedenspark besuchen. Dies ist ein sehr berührendes und lebensbejahendes Erlebnis.
- Klären Sie ab, ob Sie Speisen oder Getränke mitbringen sollen. Falls nicht, sollten Sie sich an den Kosten beteiligen.
- Helfen Sie beim Aufräumen vor dem Nachhausegehen. Japaner verlassen ihre Picknickplätze in äußerst sauberem Zustand. Auch Zigarettenstummel sollten Sie nicht einfach wegwerfen.

Als Frau im japanischen Berufsleben

Den Umgang einer Gesellschaft mit für ihre Kultur typisch männlichem und weiblichem Verhalten hat der niederländische Sozialwissenschaftler Geert Hofstede als feminine oder maskuline Kultur bezeichnet (siehe Kapitel Entscheidungsfindung und Literaturhinweise).

Er hat untersucht, wie in verschiedenen Kulturen die sozialen, kulturell vorbestimmten Rollen zugeordnet werden. Der biologische Unterschied ist nicht Gegenstand der Untersuchung. Hofstede geht davon aus, dass seine Kulturstandards in allen Kulturen vorhanden sind, aber in unterschiedlicher Ausprägung.

Für Hofstede sind unter vielen anderen folgende Merkmale Kennzeichen einer eher femininen oder eher maskulinen Kultur

Feminin

- Die Befreiung der Frau bedeutet, dass die Arbeit am Arbeitsplatz und zu Hause zu gleichen Anteilen auf Frau und Mann verteilt ist.
- In der Familie sind sowohl Vater als auch Mutter für Gefühle zuständig.
- Versagen in der Schule ist nicht so schlimm.
- Arbeiten um zu leben.
- Der Wohlfahrtstaat ist das Ideal.
- Frauen und Männer unterrichten kleine Kinder.

Maskulin

- Die Befreiung der Frau bedeutet, dass Frauen Zugang zu Positionen bekommen, die bisher Männern vorbehalten waren.
- In der Familie ist der Vater für die Fakten, die Mutter für die Gefühle zuständig.
- Versagen in der Schule ist eine Katastrophe.
- Leben um zu arbeiten.
- Die Leistungsgesellschaft ist das Ideal.
- Frauen unterrichten kleinere Kinder.

Nach dem Punktesystem von Hofstede erhielt Deutschland 66 Punkte und Japan 95 Punkte. Die beiden Extreme sind: Die Slowakai mit 110 Punkten als besonders maskulin und Schweden mit 5 Punkten als besonders feminin.

Interessant ist, dass z.B. unser direkter Nachbar die Niederlande mit 14 Punkten einen deutlich größeren Abstand zu Deutschland hat als Japan. Dass also manche Verhaltensmuster der Holländer weiter von unseren entfernt sind als die der Japaner. Diese Unterschiede in den westlichen Kulturen sind auch unbedingt zu bedenken, wenn Sie mit internationalen Gruppen arbeiten.

Das Frauenbild, das bei uns von Japanerinnen besteht, ist geprägt von den äußeren Eindrücken. Zunächst nehmen wir sie als modisch schick wahr. Daneben fällt uns auf, dass sie ausgesprochen zurückhaltend sind, die Hand beim Lachen vor den Mund halten, sich ständig entschuldigen, an inoffiziellen Veranstaltungen selten teilnehmen und in den Firmen fast immer untergeordnete Tätigkeiten ausüben. Daraus schließen wir schnell, dass Japanerinnen stark von ihren Männern unterdrückt werden.

Deutsche Männer vermuten wohl auch gerne, dass japanische Frauen besonders angenehme Partnerinnen sind, was die Vielzahl an Ehen deutscher Männer und japanischer Frauen belegt. Kaum ein deutscher Expatriate, der als Junggeselle nach Japan geht und nicht mit einer japanischen Partnerin zurückkehrt.

Deutschland

Unser Eigenbild ist meist etwas verzerrt. Wir leben in dem Bewusstsein, dass in Deutschland Mädchen und Frauen alle Möglichkeiten offen stehen. Bei genauerer Betrachtung müssen wir allerdings feststellen, dass Statistiken dies nicht bestätigen. Dazu einige interessante Zahlen: 2017 haben die deutschen DAX30 Unternehmen 200 Vorstandspositionen, auf denen sich 25 Frauen befinden. Das ist 12,5% Prozent.

Von einer Chancengleichheit kann auch an vielen anderen Stellen kaum gesprochen werden. Frauen verdienen statistisch in Deutschland nach wie vor deutlich weniger als Männer, natürlich auch der Wahl der Ausbildung geschuldet, was die Frage nach der Kinderbetreuung von vornherein aus finanzieller Sicht klar beantwortet. Die Gründe für diese Situation sind natürlich vielfältig und lassen sich kaum abschließend beantworten, aber das Ergebnis ist dasselbe wie in Japan: Frauen müssen sich entscheiden zwischen Beruf und Familie. Wer beides will, bekommt es nicht leicht gemacht. Eine Folge dessen ist sowohl in Deutschland als auch in Japan eine äußerst niedrige Geburtenrate.

Japan

Zunächst die statistische Situation: Japanische Frauen sind gut ausgebildet, die Eltern machen bei der äußerst kostspieligen Ausbildung keinen Unterschied zwischen Mädchen und Jungen. Beide Geschlechter werden im selben prozentualen Anteil auf weiterführende Schulen geschickt (97%!) und besuchen die Universität (über 50%). Allerdings absolviert ein bestimmter Anteil der Mädchen ein spezielles zweijähriges Frauenkurzstudium, während die Jungen vier Jahre studieren.

Nach der Universität kommt es aber tatsächlich zu einem großen Unterschied: Während die Männer in den Firmen eine Art Trainee-Ausbildungsprogramm absolvieren, sind die Frauen für zuarbeitende Bürotätigkeiten zuständig, die ihnen praktisch keine Aufstiegschancen ermöglichen. Außerdem haben auch halbherzige Gesetze nichts an der üblichen Praxis geändert, dass von Frauen erwartet wird, dass sie nach der Hochzeit oder spätestens nach der Geburt eines Kindes aus der Firma ausscheiden.

Wenn die Kinder älter sind, beginnen die Frauen wieder zu arbeiten, nun häufig in schlecht bezahlten, sozial nicht abgesicherten Teilzeit- und Aushilfstätigkeiten. Als Teilzeitkraft in einem kleinen Supermarkt verdient man zwischen sechs und neun Euro pro Stunde. Viele westliche Wirtschaftsexperten bezeichnen diese Beschäftigungsverhältnisse als das Rückgrat der japanischen Wirtschaft.

Das Gerücht, dass japanische Firmen junge Frauen einstellen, um ihren bis zu 14 Stunden arbeitenden Junggesellen zu ermöglichen, eine Frau fürs Leben kennen zu lernen, ist nicht von der Hand zu weisen. Die jungen Angestellten haben bei den langen Arbeitszeiten und den zum Teil auch am Wochenende von ihnen erwarteten gemeinsamen Freizeitaktivitäten kaum Gelegenheit, jemanden außerhalb der Firma kennen zu lernen.

Übrigens: Auch in Deutschland lernen 30-60 Prozent ihren Partner bei der Arbeit kennen, nach einer emnid-Befragung die zweitwichtigste Partnerbörse.

Natürlich gibt es auch in Japan einige Vorzeigefrauen, die beeindruckende Karrieren gemacht haben, aber im Mittel ändert dies nichts an der Tatsache, dass Frauen in den besser bezahlten Jobs mit weiterführender Perspektive stark unterrepräsentiert sind. Es gibt eine Fraueninitative der japanischen Regierung: Bis 2021 sollen 7-15% der Managementpositionen im öffentlichen und privaten Sektor von Frauen besetzt sein. Diese Veränderungen im Beruflichen führen allerdings auch zu massiven Veränderungen im Privaten (siehe Kapitel Frauen in Japan).

Aus der Praxis

Frage eines Teilnehmers: „Wie soll ich mich japanischen Kolleginnen gegenüber verhalten?"

Wie Sie es aus Deutschland gewöhnt sind, verhalten Sie sich ruhig höflich im deutschen Sinn. Japanische Frauen brechen in Kichern aus, wenn Ihnen Männer die Tür aufhalten und ihnen ist die Situation ein wenig peinlich, aber sie freuen sich auch über ein charmantes Verhalten durch männliche Kollegen. Japanische Männer tun dies nicht.

Häufige Anmerkung von Teilnehmerinnen: „Als Frau werde ich doch in Japan gar nicht ernst genommen."

Diese Aussage wird oft geäußert und führt zur Frage: Wie ist das in Deutschland? Wenn hier eine Frau in einem ‚Männerberuf', z.B. eine Ingenieurin, neu in eine Abteilung kommt, muss sie ebenfalls beweisen, dass sie ihr Fach beherrscht und zu Recht diese Stelle einnimmt. In Japan ist dies nicht anders. Wenn Sie gezeigt haben, dass Sie fachlich kompetent sind und sich an die japanischen Gegebenheiten anpassen können, vergessen die japanischen Kollegen schnell, dass Sie eine Frau sind. Mit allen Vor-

und Nachteilen: Es wird Ihnen niemand die Tür aufhalten oder Ihnen Vortritt lassen; im Gegenzug lassen sich die japanischen Kollegen auch nicht von weiblichem Verhalten beeindrucken.

Rückmeldung einer Teilnehmerin: „Wenn man sich anders behandelt fühlt, wird man auch anders behandelt."

Wir kennen den Begriff der selbsterfüllenden Prophezeiung. Dies hat die deutsche Angestellte, die hier zitiert ist, gemeint und erlebt. Wenn Sie ständig Bedenken haben, dass Sie unangemessen behandelt werden, wird dies auch passieren, weil Sie Ihre Angst ausstrahlen. Ihre Umgebung wird Ihre Bedenken spüren, widerspiegeln und so reagieren, wie Sie es bereits befürchten.

Fall einer Teilnehmerin: Sie arbeitet als Ingenieurin in Japan: „Wir hatten eine wichtige Kundenbesprechung am ersten Weihnachtsfeiertag und meine japanischen Kollegen äußerten: ‚Sie werden ja nicht kommen können, da müssen Sie bei Ihrer Familie sein'. Natürlich habe ich den Termin wahrgenommen und spürte deutlich, wie ich in der Achtung der Japaner stieg."

Weihnachten wird in Japan nicht gefeiert und es gibt an diesen Tagen keine Feiertage. Aber natürlich wissen die Japaner, dass uns Weihnachten wichtig ist. Ferner haben Japaner gelernt, dass bei uns die Familie oft vor der Firma kommt, selbst bei sehr wichtigen Geschäftsterminen. Dies stört sie stark, da sie der Meinung sind, dass Familie Frauensache ist. Wenn sie nun eine Frau als Kollegin haben, gehen sie natürlich davon aus, dass sie ihre Rolle als Hausfrau und Mutter wahrnimmt und einen wichtigen Feiertag mit ihrer Familie verbringt. Wenn man aber wie in diesem Fall das Rollenbild positiv auf den Kopf stellt, hier im Sinne von Zuverlässigkeit und Unterstützung der eigenen Gruppe, hat man viele Pluspunkte gesammelt.

Fall eines Teilnehmers: „Bei einem Meeting mit japanischen Kunden in Deutschland kam einer der deutschen Angestellten zu spät. Er hastete in den Raum, ging auf die japanische Delegation zu und begrüßte zuerst die einzige Frau, was zu einem betretenen Schweigen der gesamten Gruppe führte."

In dem hier geschilderten Fall war die anwesende Dame die Dolmetscherin, die nicht zur Gruppe gehörte und somit praktisch Luft war. Der Deutsche hatte die ranghöchsten Männer im Raum übergangen, um eine aus hierarchischer Sicht völlig unbedeutende Frau zuerst zu begrüßen. Nach wie vor sind in japanischen Firmen wenige Frauen in gehobenen Positionen und falls Sie sich nicht sicher sind, welche Position die anwesenden Frauen bekleiden, sollten Sie zunächst beobachten, wie sich die anderen verhalten. Man kennt in Japan die Regel ‚Ladies first' nicht, entscheidend ist die Hierarchie.

Ein von mir erlebter Fall: „Während eines Vortrags störte mich das Geräusch eines auf dem Tisch stehenden Beamers. Ich lehnte mich über den Tisch und zog schwungvoll das Kabel aus der Wand. Daraufhin rückte die erste Reihe ein wenig zurück und murmelte ‚gefährlich'."

Bestimmtes und selbstbewusstes Auftreten von Frauen gilt in Japan schnell als unweiblich und damit gefährlich. Das Frauenbild der Japaner sieht vor, dass Frauen zurückhaltend auftreten. In der oben geschilderten Situation hätte ich um den Tisch herum laufen und den Stecker ohne Aufsehen zu erregen vorsichtig aus der Steckdose ziehen sollen. Natürlich ist angepasstes Verhalten in Deutschland nicht immer populär, ich höre oft von beiden Geschlechtern: „So bin ich eben, ich kann mich doch nicht verbiegen". Wenn man diese Einstellung tatsächlich zu Ende denken und leben würde, dann müsste man vielleicht barfuss zum Kundenbesuch gehen oder die Arbeit am Computer ablehnen wegen zu erwartender Gesundheitsschäden. Die Folge wäre wahrscheinlich eine Abmahnung. Wir können also auch in Deutschland unsere Persönlichkeit nur in Maßen ausleben, müssen viele Zwänge ertragen, Rollen spielen und Erwartungen erfüllen. Warum also nicht eine weitere Rolle in unser Repertoire aufnehmen? Wäre dies nicht die Erfüllung dessen, was ich als Antwort von Männern und Frauen in vielen Fragebögen lese auf die Frage: „Welche Hoffnungen haben Sie bezüglich Ihres Auslandsaufenthaltes?" „Ich erhoffe mir eine Erweiterung meines Horizonts." ?

Für die Praxis

Für Männer

- Gehen Sie mit japanischen Kolleginnen im Arbeitsalltag so um, wie Sie es auch mit deutschen Kolleginnen tun.
- Achten Sie darauf, den Körperabstand beim Gespräch etwas zu vergrößern, gemessen an deutschen Gepflogenheiten.
- Berühren Sie niemanden. Auch japanischen Männern sind Schulterklopfen, anfassen am Arm beim Händeschütteln oder sonstige Berührungen unangenehm und bei Frauen ist es natürlich noch weniger angebracht.
- Charmantes Verhalten gegenüber Frauen, wie Tür aufhalten oder den Vortritt lassen, wird oft mit einem Kichern und Unsicherheit beantwortet, aber natürlich fühlen sich japanische Frauen davon auch geschmeichelt und freuen sich darüber.

Für Frauen

- Kleiden Sie sich zurückhaltend. Keine jugendliche oder sexy Kleidung im Büro, bauchfrei z.B. ist inakzeptabel.
- Tragen Sie Kostüme mit knielangen Röcken oder Hosenanzüge und nicht zu hohe Schuhe. Falls Sie feststellen, dass die Kleiderordnung bei Ihren Kolleginnen nicht so strikt ist, können Sie sich anpassen.
- Benutzen Sie nur dezentes Parfum, Japaner sind hier empfindlich. Falls Sie unsicher sind, kaufen Sie ein japanisches Parfum in Japan. Die Bemerkung eines Kollegen: „Sie haben ein interessantes Parfum" ist nicht als Kompliment gedacht.
- Tragen Sie einen Ring, der als Ehe- oder Verlobungsring gelten kann, möglichst am linken Ringfinger. Dies dämmt die Frage nach Ihrem Familienstand ein. Es gilt in Japan nicht als fortschrittlich, nicht gebunden zu sein, sondern als verantwortungsscheu. Auch wenn das Heiratsalter der Japaner steigt, wird ab Ende 20 erwartet, dass man verheiratet ist.

- Nehmen Sie teil an Gruppenveranstaltungen, wenn man Sie einlädt. Die Jahresabschlussparty oder Willkommens- und Abschiedsfeiern sind solche Gelegenheiten. Achten Sie dabei darauf, wie sich Ihre japanischen Kolleginnen verhalten. Meist ist es angebracht, sich nach dem ersten Teil zu verabschieden. Dieser erste Teil findet in einer Kneipe statt; nach zwei Stunden bricht man auf und formiert sich neu. Die Japaner betrinken sich mitunter stark, dies wird von Ihnen selbstverständlich nicht erwartet. Sie müssen keinen Alkohol trinken, können dies aber tun Notfalls erklären Sie Abstinenz damit, dass Sie Alkohol nicht gut vertragen.
- Verhalten Sie sich ‚weiblich', das bedeutet in Japan starke Zurückhaltung, nie ungehalten reagieren, immer freundlich bleiben, nicht zu dominant auftreten.
- Seien Sie hartnäckig. Statt lautstark oder aggressiv auf seinem Standpunkt zu beharren, sollten Sie durch Beharrlichkeit klar machen, dass Sie Ihre Meinung nicht ändern werden. Japaner sind bei offen ausgetragenen Konflikten oder Wutausbrüchen sehr nachtragend.
- Bleiben Sie immer sachlich.
- Zeigen Sie möglichst keine Gefühle in der Firma, dies gilt auch für nonverbale Ausdrücke von Ungeduld oder Ärger.
- Vermuten Sie bei schwierigen Situationen nicht gleich Frauenfeindlichkeit und Diskriminierung. Dieser Gedanke kann schnell zur Falle werden, die einem selbst am meisten schadet. Hinterfragen Sie solche Vermutungen ganz genau und unternehmen Sie erst etwas, wenn Sie sicher sind, dass Sie wegen Ihres Geschlechts anders behandelt werden.
- Hinterfragen Sie Regeln nicht, akzeptieren Sie diese. Diskussionen helfen dabei nicht weiter.
- Rechnen Sie damit, dass Ihnen am Anfang wenig zugetraut wird, vielleicht werden Ihre Fähigkeiten auch getestet.

- Verhalten Sie sich möglichst ähnlich wie die japanischen Kolleginnen, z.B. halten sich Frauen in der Kantine in Frauengruppen auf.
- Orientieren Sie sich in Ihrem Verhalten und bei der Sprache nicht an japanischen Männern, sondern an japanischen Frauen.
- Lernen Sie so viel Japanisch wie möglich, vor allem wenn Sie längere Zeit in Japan bleiben werden. Für Geschäftsreisen sind ein paar Floskeln hilfreich und werden positiv aufgenommen. Bei einem längeren Aufenthalt werden Sie erst ernst genommen, wenn Sie auch in der Lage sind, etwas von dem zu verstehen, was um Sie herum passiert.
- Bitten Sie um Hilfe. Japaner fühlen sich in der Gruppe verpflichtet zu helfen und haben viel Geduld.
- Fragen Sie aktiv nach, um auf dem Laufenden zu bleiben. Da Sie die Gespräche am Anfang nicht verstehen, müssen Sie aktiv werden, um Informationen zu erhalten.
- Lassen Sie sich nicht durch fehlendes Feedback verunsichern. Nutzen Sie Vier-Augen-Gespräche, um Feedback zu erhalten.
- Falls in der Firma Arbeitsuniform (*seifuku*) getragen wird, erkundigen Sie sich bevor Sie die Uniform akzeptieren, ob sie nur das Geschlecht (z.B. Männer hellblau, Frauen rosa) oder auch den Rang anzeigt. So tragen *ol* (*office ladies* = Sekretärinnen) oft andere Arbeitsuniformen als Ingenieurinnen.
- Ärgern Sie sich nicht über uncharmantes männliches Verhalten. Man kennt in Japan die Sitte nicht, Frauen den Vortritt zu lassen, ihnen die Tür aufzuhalten oder sie zuerst zu bedienen.
- Erwarten Sie nicht zu viel in kurzer Zeit. Stellen Sie sich statt dessen auf einen längeren Prozess ein. Man kann in Japan nicht so effektiv in unserem Sinn arbeiten und Dinge schnell anschieben oder ändern.
- Suchen Sie sich möglichst bald einen oder zwei Vertraute, mit denen Sie gut zurecht kommen und die Sie um Rat fragen können. Japaner, die im Ausland gelebt haben,

sind mitunter offener und die Sprachbarrieren sind hier weniger hoch. Allerdings sollten Sie nicht glauben, dass diese Kollegen keine Japaner mehr sind und sich ihnen gegenüber zu westlich verhalten.

- Bedenken Sie, dass japanische Männer oft stark verunsichert sind, wenn Sie mit einer westlichen Frau zusammenarbeiten sollen. Das Bild westlicher Frauen ist in Japan durch die Medien geprägt, die den Japanern wahlweise kampferprobte Actionstars oder fordernde Ehefrauen präsentieren, vor denen es sich in jeder Weise in Acht zu nehmen gilt. Japaner haben schlicht Angst vor stark auftretenden Frauen und befürchten, dass auch Japanerinnen an westlichen Ideen Gefallen finden, ihnen ihre Arbeitsplätze streitig machen und mehr Familienpräsenz fordern könnten.
- Denken Sie daran, dass Japaner oft emotional reagieren, nutzen Sie dies für sich, z.B. beim Smalltalk.
- Behalten Sie es für sich, wenn Sie am Wochenende das Nachtleben gerne genießen.
- Verändern Sie bei zu persönlichen Fragen die Wahrheit diplomatisch so, dass es Ihnen entgegenkommt.

Japaner in Deutschland

Ein Witz

Zur Transrapideinweihung wird auch eine japanische Delegation eingeladen. Die Japaner fragen an, ob sie schnell ein provisorisches Gleis verlegen dürften, sie würden den Transrapid gerne von vorne aus einem *shinkansen* heraus fotografieren.

Shinkansen ist der Begriff für die japanischen Hochgeschwindigkeitszüge, vergleichbar mit dem deutschen ICE.

Wieder ist hier das Thema die japanische Überlegenheit in manchen technischen Bereichen. Der *shinkansen* fährt seit 1964 ohne nennenswerten Unfall, es gab im Jahr 2004 infolge eines Erdbebens eine Entgleisung, bei der niemand verletzt wurde, da der *shinkansen* über ein Frühwarnsystem für Erdbeben verfügt.

Bei dieser Technik haben die japanischen Ingenieure Pionierarbeit geleistet, allerdings schauen sie ansonsten gerne über ihren Tellerrand hinaus und importieren bereits erprobte Systeme aus anderen Teilen der Welt, um diese zu verfeinern und an die japanischen Verhältnisse anzupassen.

Wir nehmen Japaner in Deutschland meist als Gruppenreisende wahr, die Städte wie Heidelberg und Rothenburg ob der Tauber überschwemmen. Immer eine Kamera vor dem Auge, bloß nicht zu weit weg vom Bus, ältere Leute, die Europa möglichst in acht Tagen bereisen wollen.

Deutschland

Wir sind Reiseweltmeister, fahren gerne und oft in Urlaub, häufig auch in fremde Länder. Daneben machen wir als Angestellte deutscher Unternehmen viele Geschäftsreisen. Dies empfinden wir allerdings oft als eine lästige Pflicht, die anstrengend ist und viel Zeit kostet. Wir stellen uns dann gerne die Frage, ob ein Telefonat oder eine Telefonkonferenz nicht auch ausreichend wären. In unserer sachbezogenen und das Private weitgehend ausschließenden Arbeitswelt ist diese Überlegung folgerichtig. Direkte Kontakte von Angesicht zu Angesicht mit Kollegen und Geschäftspartnern sind für uns nicht so wichtig.

Japan

Viele besitzen keinen Reisepass, da sie als Insulaner ihr Land noch nie verlassen haben. Ins Ausland zu reisen ist mühsam, man kann Japan nur mit dem Schiff oder dem Flugzeug verlassen. Daneben leben Japaner in der festen Überzeugung, dass der Rest der Welt gefährlich ist, voller Schusswaffen, Taschendiebe, krank machendem Essen und Sprachen, die sie nicht sprechen und sie sich somit völlig hilflos fühlen. Deshalb reist man gerne in Gruppen, wenn man das Land verlässt. Aber auch im eigenen Land sind Gruppenreisen beliebt, da sie einfach bequem sind.

Wenn Japaner geschäftlich in Deutschland unterwegs sind, informieren sie sich vorher. Deutschland hat einen sehr guten Ruf in Japan. Man schätzt die europäische Kultur, fast jeder Japaner hat als Kind ein Instrument gespielt und kennt deshalb deutsche Komponisten. Ausstellungen europäischer Maler sind in Tokio wochenlang Publikumsmagnete. Deutsches Bier, deutsche Wurst, deutsche Autos und mittelalterliche Städte sind für den Durchschnittsjapaner der Inbegriff von Deutschland. Auch der deutsche Umweltschutz wird bewundert und als Vorbild begriffen. Trotzdem sind Japaner äußerst unsicher, wenn sie zum ersten Mal in ein fremdes Land reisen und haben viele Bedenken. Bis heute wird in größeren Firmen bei der ersten Geschäftsreise noch ein Budget von rund 1000,-€ für die Ausstattung mit korrekter westlicher Kleidung und Koffern zur Verfügung gestellt.

Auch die Zusammenarbeit mit uns fällt ihnen nicht immer leicht, es gibt Irritationen über unser Verhalten am Arbeitsplatz und nach Feierabend. Da für Japaner Aufgabe und Person nicht zu trennen sind, ist es enorm wichtig, sich von Zeit zu Zeit zu treffen und neben dem Besprechen der geschäftlichen Dinge die Beziehung zu pflegen. Aus diesem Grund besuchen japanische Lieferanten ihre Kunden oft, auch die ausländischen.

Aus der Praxis

Fall eines japanischen Teilnehmers: „Ich bat meinen deutschen Kollegen abends um 17.00 Uhr um Hilfe bei einer Sache, die ich nicht verstand. Er schaute auf die Uhr und sagte, dass er jetzt gehen müsse und wir vielleicht morgen reden könnten. Wahrscheinlich habe ich einen Fehler gemacht."

Diese Schilderung eines Japaners, der sich für einen kurzen Arbeitseinsatz in Deutschland aufhielt, zeigt, wie schnell es unbeabsichtigt zu verletzenden Missverständnissen kommen kann. Der Japaner fühlt sich persönlich zurückgewiesen, da er noch nicht gelernt hat, dass wir mitunter recht früh das Büro verlassen, weil uns auch unsere privaten Verabredungen oder Sport wichtig sind. Für den deutschen Kollegen war es lediglich eine alltägliche Situation, er wollte niemanden wissentlich vor den Kopf stoßen.

Anmerkung eines japanischen Teilnehmers: „Ich finde das alles sehr cool hier."

Die deutschen Urlaubs- und Arbeitszeiten sind ein Mythos in Japan. „Wie schafft ihr das, soviel Urlaub zu haben?" werde ich oft gefragt. Es gibt Japaner, die sich bewusst für ein ausländisches Unternehmen entscheiden. Manchmal aus den falschen Gründen. Sie erhoffen sich vor allem längeren Urlaub, kürzere Arbeitszeiten, die Möglichkeit individuelle Eigenarten leben zu können. Dies kann dann schnell zu einem Problem werden, vor allem, wenn noch mangelnde Akzeptanz der Hierarchie dazukommt, in diesem Fall bei einer weiblichen Vorgesetzten. Hier gibt es nur einen Rat: Ein klärendes Wort unter vier Augen, dem auch notfalls Konsequenzen folgen müssen.

Für die Praxis

- Holen Sie Kunden und Kollegen vom Flughafen ab, vor allem, wenn diese das erste Mal nach Deutschland kommen. Auch Lieferanten freuen sich darüber.
- Holen und bringen Sie Kunden über die gesamte Zeit in Deutschland vom und zum Hotel. Bei Kollegen sollten

Sie dies die ersten zwei bis drei Tage tun, danach sollte man gemeinsam den Weg einmal mit öffentlichen Verkehrsmitteln zurücklegen. Erklärungen reichen nicht aus. Alleine der Fahrkartenkauf stellt auch Deutsche häufig vor Rätsel.

- Erarbeiten Sie für Kunden vorab eine vollständige Agenda für die gesamte Besuchszeit in Absprache mit den Japanern.
- Schicken Sie für die jeweiligen Meetings im Voraus eine Agenda.
- Bereiten Sie ein Abend- und Wochenendprogramm für Kunden vor, am besten für jeden Abend. Auch wenn die Einladung zu einem Wochenendausflug erst einmal abgelehnt wird, bieten Sie es noch zwei- bis dreimal an. Japanische Höflichkeit verlangt oft ein erstes Ablehnen.
- Buchen Sie ein Hotel mit Badewanne. Duschen reicht Japanern nicht aus, sie fühlen sich nach wenigen Tagen unwohl.
- Fragen Sie nach, ob die Japaner Geschenke einkaufen möchten und bieten Sie ihnen dann Gelegenheit dazu. Luxusmarkenartikel sind in Europa rund ein Drittel günstiger als in Japan
- Laden Sie Japaner zu sich nach Hause ein, wenn sich eine Gelegenheit ergibt; sie werden sich darüber freuen. Es zeigt, wie wichtig Ihnen die Beziehung ist. Eine private Gegeneinladung in Japan sollten Sie nicht unbedingt erwarten.
- Informieren Sie sich über die Sehenswürdigkeiten, die sie gemeinsam besuchen. Oft gibt es japanische oder englische Führungen. Falls nicht, sollten Sie selbst ein wenig Wissen darüber besitzen und erklären können.
- Gehen Sie mit Japanern nicht in ein japanisches Restaurant, sondern besuchen Sie typisch deutsche Lokalitäten: Volksfeste, Besenwirtschaften, Biergärten. Nicht so gut kommen Rittergelage an, da es Japanern unangenehm ist, mit den Händen zu essen.
- Übersetzen Sie keine Speisekarten, das verwirrt nur und ist meist unmöglich. Klären Sie ein paar Eckdaten:

Fleisch, Fisch, Wurst, und wählen Sie dann für Ihren Gast. Japaner lieben saisonale und regionale Gerichte. Wenn Sie dann noch erklären können: „Maultaschen sind eine typisch schwäbische Spezialität“, „Der Spargel wird in dieser Gegend angebaut und ist nur wenige Wochen erhältlich“ oder „Das Bier wird hier gebraut“, werden Japaner gerne zugreifen.

- Bedenken Sie bei der Auswahl der Speisen, dass für den japanischen Geschmack unser Essen oft versalzen schmeckt. Bitten Sie den Kellner, das Essen nicht zu stark salzen zu lassen.
- Setzen Sie Japanern nicht tagelang kaltes Essen vor. Dies kann man tun, wenn es eine schöne Wurstplatte in einem Restaurant gibt oder die Zeit im Meeting drängt, aber grundsätzlich ist für Japaner kaltes Essen keine richtige Mahlzeit, *sushi* ausgenommen.
- Entschuldigen Sie sich bei Kunden für entstandene Probleme, auch wenn Sie nicht für einen ausgefallenen Zug oder für schlechten Service verantwortlich sind.
- Versuchen Sie, ranghohe Vorgesetzte davon zu überzeugen, bei einem Meeting vorbeizuschauen und die japanischen Besucher kurz kennen zu lernen. Solche Gesten werden aufmerksam registriert. Stimmen Sie auch Ihre Kollegen auf japanischen Besuch ein. Bitten Sie diese um Zurückhaltung bei allgemeinen kritischen Themen wie beispielsweise Politik.

Geschäftsreisen nach Japan

Deutschland

Wenn wir noch nie in Japan waren, sind wir voller Klischees über Land und Leute. Fundiertes Wissen haben wir trotz Internet, unbegrenzter Informationsmöglichkeiten und Globalisierung erstaunlicherweise selten. Die gängigsten Klischees sind: Japaner essen rohen Fisch, sie leben in winzigen Waben, sie sind Arbeitsameisen, sie sehen alle gleich aus, Erdbeben sind häufig, es gibt geheimnisvolle Geishas.

1987 kam ein Lied heraus von Humpe&Humpe mit dem Titel Yama-Ha. Der Text war: „Yamaha, Mitsubishi, Toyota, Suzuki, Sony…“, unterlegt mit Karatelauten und fertig war ein Japansong. Unser Blick richtet sich wesentlich interessierter nach Westen als nach Osten.

Japan

Japaner wissen, dass Geschäftsreisen von Deutschland nach Japan teuer und enorm anstrengend sind. Deshalb wissen sie es zu schätzen, wenn wir uns die Mühe machen, nach Japan zu einem Geschäftsbesuch zu kommen. Persönliche Kontakte von Angesicht zu Angesicht sind durch nichts zu ersetzen. Dazu gehören natürlich auch anschließende informelle Treffen.

Aus der Praxis

Anmerkung eines Teilnehmers: „Man fühlt sich bei Geschäftsreisen in Japan manchmal wie ein kleines Kind, ständig betreut und nie aus den Augen gelassen.“

Japaner schließen zum einen von sich auf andere. Sie selbst fühlen sich im Ausland unwohl und möchten jemanden haben, der sich um sie kümmert. Außerdem gehen sie davon aus, dass wir nichts lesen können, die Durchsagen nicht verstehen und im Notfall nicht kommunizieren können. Zum anderen gehört es zur japanischen Gastfreundschaft, dass man sich um seinen Gast kümmert und dafür natürlich auch seine Freizeit opfert.

Allerdings lassen uns Japaner auch spüren, wenn sie bei Geschäftsreisen nach Deutschland schlecht betreut wurden, sie betreuen uns dann auch nicht mehr.

Für die Praxis

- Nehmen Sie Geschenke mit. Es ist nicht immer so wichtig, was es ist, es zählt vor allem, dass Sie daran gedacht und etwas mitgebracht haben (siehe Kapitel Geschenke).
- Stecken Sie doppelt so viele Visitenkarten ein wie Sie zu benötigen glauben (siehe Kapitel Visitenkarten).
- Schicken Sie für von Ihnen geplante Meetings die Agenda im Voraus, ebenso Hintergrundinformationen.
- Denken Sie daran, dass die Winter recht kalt sind und die Sommer sehr heiß. Zum Schutz Ihres Jackets vor Schweißflecken sollten Sie auch im Sommer ein Unterhemd unter dem Hemd tragen.
- Packen Sie Schuhe ein, die bei Regen nicht zu stark leiden. Es kommt in Japan auch außerhalb der Regenzeit mitunter zu schweren Regenfällen. Den Schirm können Sie zu Hause lassen, für wenige Euro bekommen Sie bei Regen überall einen kleinen Schirm.
- Verdrängen Sie den Jetlag, versuchen Sie unbedingt, auch an den Abendveranstaltungen teilzunehmen (siehe Kapitel Informelle Treffen).
- Machen Sie sich keine Sorgen, falls Sie doch einmal auf sich gestellt sein sollten. Japaner sind hilfsbereit und es findet sich immer jemand, der Englisch spricht.
- Kaufen Sie sich eine *suica*-Karte der Japan Railways, falls Sie länger in Japan sind oder öfter dorthin reisen. Diese Karte kostet 500 Yen Grundgebühr plus 1000 Yen für das erste Aufladen. Sie lässt sich wie eine Geldkarte am Kartenautomaten aufladen und auch wie eine Geldkarte benutzen. Das Bahnfahren wird erheblich erleichtert, weil Sie die Karte bei den meisten Linien benutzen können

und nicht ständig Fahrkarten kaufen müssen. Innerhalb der Bahnhöfe können Sie Getränke und Snacks damit kaufen und sogar manche Taxis akzeptieren diese Karte. Für Ihre Reisekostenabrechnung können Sie sich eine Art Kontoauszug ausdrucken. Die Automaten sind auch auf Englisch zu bedienen.

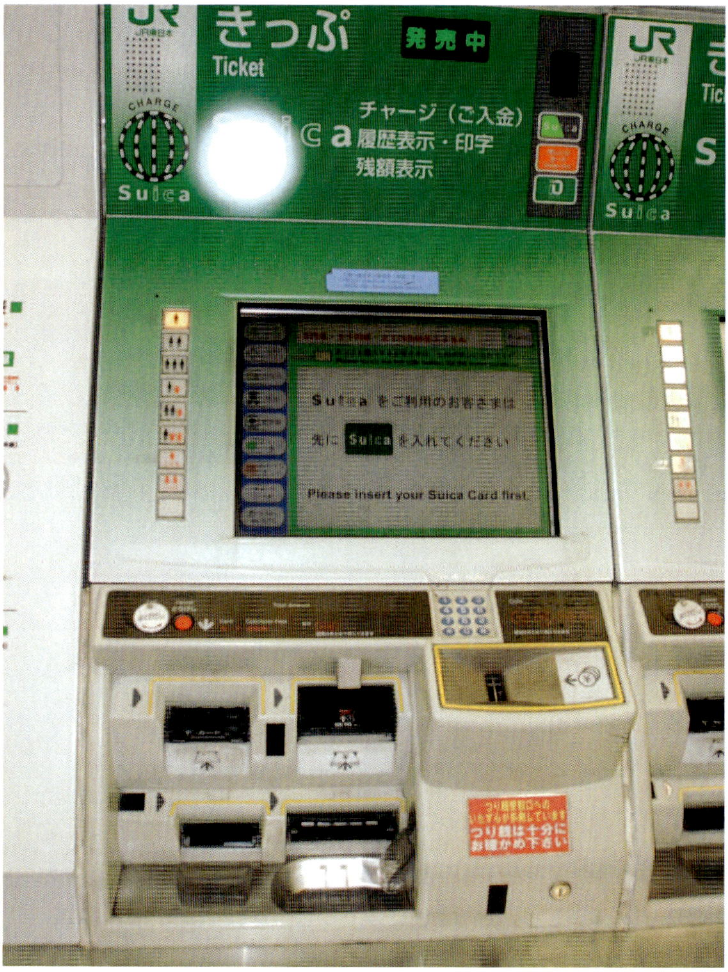

Dies ist einer der beschriebenen *suica*-Fahrkartenautomaten.

Umgang mit Kunden

Kundenbetreuung und der Umgang mit dem Kunden im Allgemeinen ist weltweit ein Thema für Ratgeberbücher und Weiterbildungen. Einig sind sich alle: Ohne den Kunden kein Geschäft, nur über das Wie im Umgang gibt es deutlich unterschiedliche Meinungen.

Deutschland

Wir neigen zu der Auffassung, dass alle Menschen zunächst einmal gleich sind. Egal ob Dienstleister oder Kunde, auf gleicher Augenhöhe versuchen wir uns in Deutschland zu begegnen. Dies hat sicher vielschichtige Ursachen: Der allgemeine Wunsch nach flacheren Hierarchien, die leidvollen Erfahrungen der Nazizeit, die Ideen der 68er Bewegung, die auch ein Kampf gegen Autoritäten war und im Christentum gibt es die Gleichheit der Menschen vor Gott.

Eine Folge dieser Einstellungen ist, dass wir uns als zahlende Kunden oft schlecht und unangemessen behandelt fühlen. Deutschland wird dann gerne als ‚Dienstleistungswüste' bezeichnet, die im Zweifelsfall Beratung aus dem ‚Dienstleistungsparadies' Japan erhält. Minoru Tominaga berät seit 30 Jahren deutschsprachige Unternehmen. In einem Interview berichtet er von der Beratung einer Fluglinie. Dabei bat er eine Mitarbeiterin, dem Kunden ein Lächeln zu schenken, was diese entrüstet mit den Worten zurückwies „Ich bin doch keine Prostituierte".

Kurz: Es fällt uns schwer, uns zu ‚verstellen', wir wollen authentisch sein, auch wenn es unfreundliches Verhalten zur Folge hat. Unsere Grundhaltung ist dann: Wenn es mir nicht gut geht, kann der Kunde das ruhig auch spüren, ich bin ja schließlich auch nur ein Mensch.

Wenn es um Meetings mit Geschäftskunden geht, verhalten wir uns meist deutlich professioneller, persönliche Befindlichkeiten werden hier nicht so stark zum Ausdruck gebracht. Aber auch hier sprechen wir gerne ein offenes Wort. Wenn ein Kunde z.B. Forderungen stellt, die bereits an anderer Stelle geprüft wurden, sagen wir ihm ein klares und deutliches ‚Nein'. Dies wird mitunter auch vom Kunden geschätzt, denn es spart Zeit und vielleicht auch Geld.

Japan

In Japan ist der Kunde nicht König, sondern Gott. Auch hier sind geschichtliche Aspekte zu bedenken: Zu Zeiten des Feudalismus in Japan standen die Kaufleute auf der untersten sozialen Stufe. Einige Händler waren zu großem Wohlstand gekommen. Man begegnete ihnen mit Misstrauen, Neid und Missgunst. Nach der Öffnung Japans und dem Ende des feudalistischen Systems begann der langsame Aufstieg der Kaufleute. Um die ihnen gegenüber herrschenden Vorurteile zu entkräften und das Vertrauen der Kunden zu gewinnen, waren sie enorm darauf bedacht, alles für ihre Kunden zu tun. Dieser unbedingte Dienstleistungswille, fast um jeden Preis, ist auch heute noch in Japan überall zu spüren. Dazu kommen aber noch zwei Dinge: Der japanische Kunde ist insgesamt bereit, mehr zu zahlen und sich auch Dienstleistungen etwas kosten zu lassen. Der japanische Dienstleister hat durch die konfuzianistisch geprägte Gesellschaft, deren Teil er ist, keine grundsätzlichen Probleme mit Hierarchieunterschieden. Es kommt für Japaner immer auf die Situation an, in der sie sich befinden. Die Kellnerin, die jetzt in der Restaurantuniform auf das Höflichste die Kunden bedient, sich zum Bedienen sogar hinkniet, zieht später ihre persönliche Kleidung an, geht ihrerseits in ein Restaurant, ist dann in der Rolle der Kundin und wird ebenso zuvorkommend bedient. Die Rollen sind austauschbar, je nach Situation.

In großen Industrieunternehmen ist diese extreme Kundenorientierung ebenso stark verankert. Man versucht alles, um den Kunden zufrieden zu stellen.

Aus der Praxis

Häufig geäußerte Anmerkung: „Wir werden von den japanischen Kunden ferngehalten, Absprachen werden ohne uns getroffen, bei Treffen mit den Kunden nimmt man uns nicht gerne mit."

Es gibt kein Seminar ohne diese Klagen von deutscher Seite. Die Teilnehmer fühlen sich an diesem Punkt schlecht durch die Japaner behandelt. Dies manifestiert sich in folgenden Interpretationen: Unkollegiales Verhalten, Falschheit, mangelnde Kooperationsbereitschaft, Hintergehen der deutschen Kollegen, fehlende Kommunikationsbereitschaft. An diesem Punkt der Zusammenarbeit liegen die Nerven oft bereits blank und es haben sich meist schon Aggression und Missstimmung aufgebaut.

In unserer Kultur ist es üblich, dass es für alle beteiligten Personen an einem Projekt möglich und vielleicht auch nötig ist, in direkten Kontakt mit dem Kunden zu treten. In Japan sind Kundenbeziehungen extrem heikel. Es dauert viele Jahre, bis man eine gute Kundenbeziehung aufgebaut und sich dabei Respekt und Vertrauen erarbeitet hat. Man versucht, möglichst immer mit denselben Mitarbeitern und Bezugspersonen aufzutreten, die den Kunden und seine Eigenheiten besonders gut kennen. Es ist in großen Firmen in Japan durchaus üblich, dass einzelne Mitarbeiter wichtiger Lieferanten ihren Arbeitsplatz im Büro des Kunden haben. Daneben werden Kunden ständig persönlich besucht, die Züge in Tokio sind den ganzen Tag voller Angestellter, die zu Kundenbesuchen pendeln. Plötzlich neue Personen einzuführen ist deshalb schwierig.

Äußerste Höflichkeit und Einhaltung der Etikette sind ein absolutes Muss. In Meetings wird in Japan dem Kunden gegenüber nie ein Nein geäußert, gleichgültig wie absurd seine Wünsche und Forderungen auch sein mögen. Er wird im Höchstmaß der Ablehnung ein: „We will try our best“ zu hören bekommen und dies meinen die japanischen Lieferanten auch so. Sie werden versuchen, sich den Wünschen des Kunden irgendwie anzunähern und dem Kunden damit zumindest das Gefühl geben, alles versucht zu haben. Interessanterweise wird es durch diese Herangehensweise oft akzeptiert, dass die Wünsche nicht zu 100% erfüllt werden. Man findet also gemeinsam einen Kompromiss, was bei einer direkten und schnellen Ablehnung nicht möglich gewesen wäre.

Große japanische Kunden wie Toyota reagieren allergisch auf jede Art von Änderungen. Toyota ist der Meinung, dass jede Änderung und sei sie auch noch so banal, z.B. eine Änderung der

Farbgebung, eine Fehlerquelle sein kann, die auszuschließen ist. Man denkt in den Kategorien: Vielleicht ist durch die Umstellung von blau auf rot der Kunststoff plötzlich weicher, hitzeempfindlicher, stellt eine Fehlerquelle beim Montieren dar oder ähnliches. Falls Änderungen an Bauteilen nötig sind, müssen sie sehr lange, sehr gründlich und sehr analytisch erklärt werden. Neue Testreihen müssen gestartet werden, auch wenn sie uns unnötig vorkommen.

Als Lohn für dieses uns extrem übertrieben erscheinende Verhalten können die Lieferanten eine hohe Loyalität der japanischen Kunden erwarten. Man ist so eng miteinander verflochten, dass man auch oft über gegenseitige Aktienpakete des anderen verfügt und Führungspersonal austauscht. Außerdem bestehen die meisten Geschäftsbeziehungen seit Jahrzehnten. Japanische Kunden unterstützen ihre Lieferanten, indem sie gemeinsam Innovationen entwickeln und dabei helfen, die Produkte und Prozesse zu verbessern.

In unserer Geschäftswelt, in der wir gerne den Slogan ‚Zeit ist Geld' benutzen, können wir uns ein solch zeitaufwändiges Vorgehen kaum vorstellen. Natürlich sind auch deutsche Kunden äußerst anspruchsvoll, aber eine klare Antwort auf eine klare Frage ist jederzeit möglich. Auch der Kunde ist dankbar, wenn er Zeit spart.

Japanische Angestellte haben bereits oft schlechte Erfahrungen mit Ausländern im Umgang mit ‚Ihren' Kunden gemacht, oder zumindest schon schlimme Gerüchte darüber gehört. Es ist für einen Japaner der größte anzunehmende Unfall, wenn ein Kunde verärgert wird. Er als Verantwortlicher für den jeweiligen Kunden verliert enorm an Gesicht und es erfordert viel Zeit und große Anstrengung, das beschädigte Vertrauen wieder aufzubauen.

Kurz: Hier gibt es grundlegende Unterschiede in den Einstellungen und im Verhalten in Deutschland und in Japan. Auch wenn es mühsam ist, viel Zeit und Nerven kostet, wir müssen einen guten Kompromiss finden, wenn wir eine erfolgreiche Zusammenarbeit nicht gefährden wollen.

Fall eines Teilnehmers: „Nach einer Präsentation versuchen wir, weitere gewünschte Informationen oder offene Fragen so schnell wie möglich zu klären. Dies bedeutet, dass wir manchmal noch aus der Empfangshalle des Kunden mit unserem Büro telefonieren und sofort die ausstehenden Dinge zuschicken lassen. Damit haben wir beste Erfahrungen gemacht."

Japanische Kunden schätzen Schnelligkeit und Zuverlässigkeit bei ihren Lieferanten. Deshalb sollte man umgehend reagieren. Sie stellen damit unter Beweis, dass auch deutsche Lieferanten beste Zusammenarbeit garantieren.

Ein von mir erlebter Fall: „Bei meinem letzten Besuch in Japan hatte ich einen Kundentermin um 15.00 Uhr an einem Ort, der nur zehn Zugminuten von meiner Station entfernt lag. Ich hatte eine gute Karte aus dem Internet ausgedruckt und eine zusätzliche Wegbeschreibung meines Gesprächspartners hatte ich ebenfalls bei mir. Um 14.15 Uhr fuhr ich los. Am Zielort angekommen war ich mir nicht sicher, in welche Richtung ich nach dem Verlassen des Bahnhofes gehen sollte, deshalb fragte ich an der nächsten Kreuzung und wurde in die entgegengesetzte Richtung geschickt. Dies wiederholte sich beim zweiten Nachfragen an der nächsten Kreuzung. Insgesamt fragte ich 7 Personen nach dem Weg, darunter auch einen Polizisten. Am Ende stand ich vor dem richtigen Gebäude und konnte keinen Eingang finden, da es sich um einen typischen verschachtelten Komplex von kleineren und mittelgroßen Gebäuden handelte. Ich stand, nun bereits 15 Minuten verspätet, vor dem richtigen Haus und mein Termin drohte zu platzen. Am Ende half mir eine junge Passantin, die meinen Gesprächspartner anrief, er auf die Straße kam und mich zu einem Eingang führte, den ich niemals betreten hätte, da es keinen Hinweis auf das betreffende Büro gab."

Auch wenn sich diese Geschichte unwahrscheinlich anhört, sie ist mir genauso passiert. Ich spreche gut Japanisch und ich kenne mich gut in Tokio aus. All dies hilft aber nur bedingt, da es unglaublich schwierig sein kann, eine Adresse in Japan zu finden. Japaner tun sich genauso schwer und selbst der Polizist war trotz Karte hilflos. Natürlich ist die Suche bei größeren Firmen wesentlich einfacher, aber man weiß nicht immer im Voraus, wie groß die Niederlassung ist, an der man sich trifft. Es gibt drei Möglichkeiten für Sie: 1. ‚Google maps' ist sehr hilfreich, aber ungefähr am Zielort angekommen, muss man meist die genaue Adresse suchen. 2. bei einem wichtigen Termin und nicht zu großer Entfernung am Vortag bereits den Ort aufsuchen oder 3. wirklich genügend Zeit einplanen. Im obigen Fall habe ich trotz nur zehnminütiger Bahnfahrt und ca. fünfminütigem Fußweg eine Stunde benötigt. Man unterschätzt auch die Wege und die Menschenmassen in den Bahnhöfen, hier ist man schnell 15 Minuten unterwegs, bis man auf der Straße steht.

Häufig geäußerte Anmerkung: „Die Freundlichkeit der japanischen Verkäuferinnen ist doch aufgesetzt und nicht ehrlich gemeint."

Das mag in manchen Fällen so sein, aber interessiert uns das als Kunde wirklich? Wollen wir tatsächlich wissen, wie es der Dame an der Kasse heute geht und verständnisvoll reagieren, wenn sie einen Grund hätte, ruppig zu sein, weil sie heute Morgen vielleicht einen Streit mit ihrer Mutter hatte? Japanische Dienstleister geben ihren Kunden durch ritualisierte Höflichkeitsfloskeln und entsprechende Körpersprache immer das Gefühl willkommen zu sein. Man gibt dadurch sein Geld definitiv angenehmer aus als in Deutschland, wo man doch manchmal als Kunde das Gefühl hat zu stören. Wenn man ein wenig Japanisch spricht, wird man auch schnell in ein Gespräch verwickelt, das alles andere als aufgesetzt ist. Oder würden Sie die Äußerung „Was, 12 Stunden Flug von Deutschland nach Japan, schmerzt da nicht der Po?" als einstudierte Konversation bezeichnen? Natürlich erhält man immer Komplimente für seine Sprachkenntnisse oder über Deutschland. Danach wird die Tüte mit vielen Verbeugungen an den Ladeneingang getragen, dort überreicht und man geht freundlich gestimmt hinaus.

Für die Praxis

- Hören Sie bei Kundenthemen den Gegenargumenten der Japaner genau zu und pochen Sie nicht aus Prinzip auf Ihre Meinung. Dies bringt Sie nicht weiter. Japaner sind Meister im Aussitzen und auch drei Jahre Auslandsaufenthalt gehen irgendwann vorbei, gemessen an den jahrzehntelangen Beziehungen zu manchen Kunden ist dies kurz.

- Stellen Sie sich und Ihre deutschen Vorgesetzten darauf ein, dass japanische Kunden mehr finanziellen und zeitlichen Einsatz verlangen als deutsche, da individuelle hochspezifische Anforderungen unbedingt erfüllt werden müssen.
- Versuchen Sie, sich beim japanischen Kunden ausgesucht höflich und zurückhaltend in Ihren Äußerungen zu verhalten.
- Überzeugen Sie Ihre japanischen Kollegen von bestimmten unpopulären Notwendigkeiten dem Kunden gegenüber. Dies erfordert Zeit und Geduld. Vielleicht müssen Sie es immer und immer wieder erklären.
- Sprechen Sie sich vor Kundenbesuchen gut mit Ihren japanischen Kollegen ab, fragen Sie nach, welche Schwierigkeiten zu erwarten sind und welche gemeinsame Strategie man verfolgt. Fünf Stunden vor dem Kundenbesuch in Tokio zu landen, bedeutet zu wenig Vorbereitungszeit.
- Hinterfragen Sie zu schnelles Aufgeben der japanischen Kollegen. Bei manchen Absagen von Seiten des Kunden hilft es, noch einmal nachzufragen, eventuell in einem persönlichen Gespräch. Sie können manche Dinge tun, die für Japaner den Kunden gegenüber unmöglich wären. Bleiben Sie dabei aber immer äußerst höflich.
- Bedenken Sie, dass der japanische Markt eigenen Gesetzen folgt, die wir mitunter nicht verstehen können. Welchen Sinn macht es für uns beispielsweise beim Verkauf von Gebrauchtwagen, alle Teile auszutauschen, die der Vorbesitzer angefasst hat? Japanische Kunden verlangen dies. In Deutschland kann die Reichweite für Elektrofahrräder nicht weit genug sein, dem japanischen Durchschnittskunden genügt im Stadtverkehr eine Reichweite von 5 km. Hier ist das Gewicht des Rads wichtiger.

- Fragen Sie nach bei der beliebten japanischen Äußerung: „Japan is different". Dies stimmt natürlich, ist aber mitunter auch ein Scheinargument, das man höflich hinterfragen sollte. „Could you explain your opinion in detail? What do you think, where are the main differences? Could you help me to understand where the differences are...?"

Bei Neukunden und neuen Joint-Ventures

- Rechnen Sie laut einer aktuellen McKinsey-Studie bei neuen Kunden mit einem Break-even nach frühestens sieben bis zehn Jahren.
- Unterschätzen Sie den Anspruch japanischer Kunden bezüglich Flexibilität und Anpassungswillen nicht.
- Zeigen Sie verstärktes Engagement und Loyalität. Japanische Kunden testen gerne Problemlösungsfähigkeiten durch das Fordern von Unmöglichem.
- Reagieren Sie auf Änderungswünsche und Anfragen flexibel und zeigen Sie unbedingten Willen zur Kooperation.
- Bieten Sie einzigartige Technologie und/oder einen deutlich besseren Preis als die japanischen Lieferanten.
- Arbeiten Sie mit einem japanischen Partner zusammen und stellen Sie ihm deutsche Kollegen vor Ort zur Seite.
- Geben Sie nicht unbegrenzt Informationen an potentielle Kunden weiter. Manchmal gibt es Versuche, Know-How abzuziehen ohne echtes Interesse an einer Zusammenarbeit. Es erfordert viel Fingerspitzengefühl und einen guten Berater, um in einigen Fällen zu erkennen, wie echt die Absichten sind. Bei einer Verweigerung von Information sollten Sie respektvoll formulieren und Gründe angeben, z.B. Geheimhaltungsrichtlinien, die Sie dann natürlich auf das Allerhöflichste bedauern sollten.
- Fragen Sie sich vor dem Neueinstieg, ob Sie wirklich über einen Technologievorsprung verfügen, den Sie zu besseren Konditionen anbieten können als japanische Hersteller. Sind Sie bereit, die Geduld und die Kosten aufzubringen, ohne die ein Engagement in Japan keinen Erfolg hat?

Hintergründe

Kulturelle Wurzeln

Ein Witz

Einer deutschen Firma ist es in einem neuen Verfahren gelungen, den ihrer Meinung nach dünnsten Draht der Welt herzustellen. Ein Drahtmuster wird mit der Bitte um ein Gutachten nach Japan geschickt, da man glaubt, einen Rekord gebrochen zu haben.
Nach einer Woche kommt ein Paket zurück. Drinnen ist der Draht und ein Brief: „Ihr Paket haben wir erhalten, es enthielt jedoch nur eine Materialprobe ohne Begleitschreiben. Da wir uns nicht sicher waren, was sie von uns wünschen, haben wir zu Versuchszwecken das eine Ende des Drahtes aufgebohrt und ein Innengewinde hineingeschnitten. Anbei senden wir ihnen die Materialprobe zurück."

Uns ist bewusst, dass die japanischen Ingenieure hervorragende Arbeit leisten. Oft sind die Ergebnisse besser und vor allem kleiner als die westlichen Produkte. Besonders im elektronischen Bereich. Das Klischee hinter diesem Witz ist: Japaner übernehmen Dinge von anderen und verbessern sie.

Viele Deutsche finden Japan interessant und exotisch, aber leider wissen wir normalerweise sehr wenig über japanische Kunst, Kultur und Geschichte und kennen auch keine japanischen Künstler. Dabei hat die moderne japanische Kultur einen starken und eigenständigen Einfluss auf viele bei uns populäre Dinge, wie *mangas*, Computerspiele, Filme, Essgewohnheiten.

Wie stark uns unsere jeweiligen kulturellen Wurzeln auch in unserem heutigen Tun beeinflussen, ist Forschungsgegenstand von Malcolm Gladwell, einem erfolgreichen amerikanischen Publizisten. Er führte in einem Interview das heutige Arbeits- und Lernverhalten von Japanern darauf zurück, dass sie schon vor 500 Jahren etwa dreimal so lang auf dem Feld arbeiten mussten wie europäische Bauern. Daraus resultiert seiner Meinung nach die unterschiedliche Auffassung von Arbeit, die sich selbst beim Lernverhalten von im Ausland geborenen Asiaten noch zeige.

Der beherrschende Eindruck, den Ausländer von Japan haben, ist häufig: Ein Land voller Gegensätze. Auf der einen Seite sind Japaner echte Technikfreaks. Alles, was neu und interessant ist, wird gerne ausprobiert. 12 Jahre vor der Apple watch kam ein Handy in Armbanduhrformat heraus. Das Gerät wurde zum Test in einer Stückzahl von einigen Tausend auf den Markt gebracht und war innerhalb weniger Minuten ausverkauft, die technischen Mängel spielten keine Rolle für das Interesse.

2013 wurde im Tokioter Bahnhof Shibuya ein neuer Bahnabschnitt in Betrieb genommen. Das Ganze geschah nachts mit 1200 Arbeitern in 3:25 Stunden. Der Zugverkehr lief am Vortag und am nächsten Tag völlig reibungslos. Youtube: 1200 people x 3,5 hours.

Daneben sind Japaner aber extrem traditionsbewusst und pflegen z.B. viele alte Handwerke überaus rein, mit alten Methoden und Mitteln. Dafür gibt es unzählige Beispiele. Zwei davon möchte ich hier näher betrachten.

Onsen

Was wir heute gerne als Wellness bezeichnen, hat für Japaner eine uralte Tradition. Schon als wir im Westen noch nicht so viel von Körperreinigung hielten, badeten die Japaner schon lange täglich in öffentlichen Bädern. Es ist in Filmen wie ‚Shogun', oder ‚Der letzte Samurai' eindringlich beschrieben, wie stark die westlichen Neuankömmlinge für japanische Nasen stanken.

Dabei ging und geht es bis heute beim Baden gar nicht so sehr um die äußerliche Reinigung des Körpers. Diese erfolgt vor dem Eintauchen in das heiße Becken, indem man sich vor dem Bad gründlich wäscht oder duscht. Im Mittelpunkt steht vielmehr die Reinigung der Seele, das Einswerden mit sich selbst. Ruhe finden, neue Kraft schöpfen und auch gemeinsame Zeit und Körperkontakt der Eltern mit den Kleinkindern.

Aber Wasser bedeutet mehr für die Japaner. Die urjapanische Religion, der Schintoismus, ist eine Naturreligion. Hier ist die Natur das beherrschende Thema. Man glaubt, dass in jedem Baum, jeder Blume, jedem Fels ein Gott wohnt. Die Götter sind nicht gut oder schlecht, aber sie haben Macht. Auch hier kommt dem Wasser als Element reinigende Wirkung zu. Vor jedem Schintoschrein steht ein großes Wasserbecken, das den Besucher einlädt, sich den Mund und die Hände zu reinigen.

Das tägliche Bad ist eine Tradition, welche die Japaner seit Tausenden von Jahren pflegen. Heute natürlich mit modernsten Badewannen, die z.B. eine Wiederaufheizfunktion für das Wasser besitzen, bequem aus der Küche per Fernbedienung zu steuern. Im Gegensatz zur deutschen Gewohnheit, morgens zu duschen erfolgt die Körperreinigung abends. Das Wasser wird von allen Familienmitgliedern nacheinander benutzt, zugedeckt und am nächsten Abend noch einmal aufgeheizt. Da das Bad lediglich der Entspannung dient und nicht der Reinigung des Körpers ist dies keineswegs unhygienisch.

Letztlich ist jedem Japaner, der abends in seiner Badewanne sitzt, bewusst, dass er einer urjapanischen Tradition folgt, die in seiner Kultur seit langer Zeit lebendig ist.

Samuraischwerter

„Ich denke, viele Japaner haben tief in ihrem Herzen noch den Geist der Samurai“, Fumon Tanaka, Schwertkampfgroßmeister in einem Interview.

Der Mythos der Samurai lebt. Es gibt in Japan noch eine kleine Zunft von Schwertherstellern, die in einer schier unglaublichen Fleißarbeit Einzelstücke herstellen wie vor tausend Jahren. Dazu wird zunächst in einer Schmelze ohne jegliche modernen Hilfsmittel Stahl hergestellt, zweihundertmal teurer als gewöhnlicher Stahl, der dann an die Schmiedemeister des Landes verschickt wird. Der Schmiedemeister schlägt mit zwei Gehilfen drei Wochen lang den Stahl wieder und wieder und faltet ihn unzählige Male. All dies geschieht natürlich mit reiner Muskelkraft. Dann wird das Schwert fast 14 Tage lang geschliffen, von einem Polierer, der seinen Beruf meist seit mehr als einem Dutzend Generationen in seiner Familie weitervererbt bekam. Auch diese Arbeit wird ohne modernes Gerät ausgeführt. Alleine das Erlernen des Sitzens, um den Schleifstein in der richtigen Position zu halten, dauert ein Jahr.

Natürlich ist ein solches Schwert extrem teuer und nur für wenige erschwinglich, aber diese Liebhaber gibt es und sie sind bereit, für eine ausschließlich nach alten Traditionen durchgeführte Handarbeit zu zahlen.

Ein sehr edler Kimono: Passend zur Jahreszeit, von einem bekannten Designer entworfen und von einem exklusiven Unternehmen gefertigt, kostet er im hochwertigen Kaufhaus schnell bis zu 10.000 Euro, ohne die nötigen Extras wie Gürtel, Taschen und Schuhe.

Und für diejenigen, die sich nur einen billigen Dekorationsgegenstand hinstellen möchten, gibt es natürlich eine große Auswahl an Massenware. Dies ist für Japaner kein Widerspruch.

Auch wenn seit 1876 der Stand der Samurai offiziell nicht mehr existiert, sind bis heute die Buchhandlungen voll von Ratgebern, die sich mit dem Thema *bushido* (Weg des Kriegers), dem Ehrenkodex der Samurai, beschäftigen. Aktuelle Popbands lassen sich auf ihrem CD-Cover im typischen Samuraistil fotografieren. Viele *mangas* (Comics) sind im Samuraimilieu angesiedelt, für das Fernsehen werden regelmäßig Samuraiserien produziert und manche Samuraigeschichte wird immer wieder neu verfilmt: Die literarische Figur des blinden Samurai ‚Zatoichi' beispielsweise.

Es gab eine Serie von 26 Spielfilmen. Als der Hauptdarsteller dieser Filme starb, nahm sich 2003 der berühmte japanische Regisseur Takeshi Kitano der Figur an und drehte seinerseits einen Film. Den bisher letzten Film zum Thema gab es 2010 von Junji Sakamoto.

Es gibt eine Gruppe bedingungslos loyaler Helden, die in Japan jedes Kind kennt: Die 47 *ronin*. Im Jahre 1701 wird der *daimyo* (Landesfürst) Asano Naganori am Hof des *shogun* (Herrscher des Landes) von dessen Zeremonienmeister derart bloßgestellt, dass er sein Schwert zieht, was in der Folge seinen eigenen rituellen Selbstmord verlangt. Durch seinen Tod werden seine Samurai (Schwertkämpfer)zu herrenlosen *ronin*. Sie beschließen, den streng bewachten Feind zu töten. Dazu ist es nötig, ihn in Sicherheit zu wiegen. Sie geben sich scheinbar dem Alkohol und dem unbeschwerten Leben hin und in einem günstigen Augenblick töten sie den am Tod ihres Herren Verantwortlichen. Ihnen ist bewusst, dass diese Tat ihren eigenen *seppuku* (ritueller Selbstmord) zu Folge hat, den sie bewusst in Kauf nehmen. Man kann heute die Gräber der 47 *ronin* im *Sengakiji*-Tempel im Tokioter Stadtteil *Shinagawa* besuchen. Die Geschichte wurde in zahlreichen Bühnenstücken verarbeitet und 1962 verfilmt.

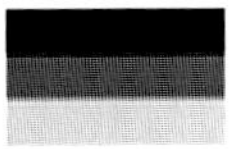

Deutschland

Wir versuchen ebenfalls, unsere Traditionen zu wahren, aber wir neigen dazu, Traditionen, die wir als veraltet empfinden, zu modernisieren. Althergebrachte Handwerke werden heute mit modernsten Mitteln automatisiert und effektiver gestaltet. Dagegen erscheinen uns alte Gebäude und historische Städte als schützenswert. Unsere Traditionen sind uns meist nicht besonders gegenwärtig. Vor allem in der Geschäftswelt spielen sie keine Rolle.

Japan

Für Japaner gibt es nicht entweder die Moderne oder die Tradition. Für Japaner gibt es sowohl als auch. Beides ist ihnen wichtig und wird wert geschätzt. Aber das Alte vermischt sich wenig mit dem Neuen. Die beiden Bereiche verlaufen meist parallel, ohne sich zu berühren. Schwerter, *kimonos*, *noo*-Theater, Tee-Zeremonie, Kalligraphie sind einige Beispiele hierfür. Gebäude und Stadtbilder erscheinen nur selten als schützenswert. Interessant dabei ist, dass Japaner auch die deutsche Kultur überaus wertschätzen und ungläubig in mittelalterlichen Städten wie Rothenburg ob der Tauber oder wieder aufgebauten Städten wie Nürnberg stehen. In Japan gibt es extrem wenige Gebäude, die älter als hundert Jahre sind.

Aus der Praxis

Anmerkung eines Teilnehmers: „Aber die Traditionen sind doch im Umbruch, Tokio ist voller junger Leute, die sich die Haare färben oder durch ihre Kleidung auffallen."

Diese Beobachtung ist richtig, auch japanische Jugendliche versuchen zu rebellieren und anders zu sein als die Erwachsenen. Nach eigener Aussage aber nur solange sie jung sind und diese Jugend endet mit 22 Jahren. Der Durchschnittsjapaner beendet mit 22 Jahren die Universität, wird nun Teil der Gesellschaft und ordnet sich auch dem Dress- und Verhaltenscode unter. In Zeiten von Phänomenen wie Schul- oder Arbeitsverweigerung und zunehmendem Individualismus in einer Megastadt wie Tokio nehmen auch alternative Lebensformen zu, aber diese stellen bis heute einen Randbereich der Gesellschaft dar.

Noch immer ist für viele Japaner ihre Firma und ihre Arbeit der Lebensmittelpunkt. Man tut alles, um hier nicht unangenehm aufzufallen und ein angesehenes Mitglied der Gruppe zu werden. Meist ist traditionelles Werteverständnis der Schlüssel dazu.

Für die Praxis

- Auch wenn Japaner natürlich ebenso wie wir die Vorzüge des 21. Jahrhunderts zu schätzen wissen, sind sie in ihrem Inneren den Traditionen viel verhafteter und sich ihrer bewusster, als wir es uns vorstellen können.
- Interessieren Sie sich für die Hintergründe. Japaner sind stolz auf ihre Kultur und Tradition, schätzen unser Interesse und beantworten auch gerne Fragen dazu.

- Sprechen Sie über Themen wie *onsen*, besonders schöne Tempelanlagen, alte Traditionen, sie stellen gute Smalltalkthemen dar. Wenn Sie eine japanische Sportart betreiben oder betrieben haben, können Sie z.B. beim Abendessen gut darauf zu sprechen kommen.
- Religion ist kein gutes Smalltalkthema. Die Frage, ob jemand Buddhist oder Schintoist ist, erübrigt sich ohnehin, da es hierzu kein entweder oder gibt. Wenn Japaner Christen sind, sprechen sie dies häufig von sich aus an.
- Äußern Sie keine kritische Gedanken über japanische Traditionen, dies ist absolut fehl am Platz.
- Informieren Sie sich ein wenig über geschichtliche und kulturelle Hintergründe, denn häufig sind sie ein wichtiger Schlüssel zum heutigen Verhalten.

Musikerwettstreit bei einem Tempelfest.

Grundzüge der japanischen Geschichte

Im **6. Jahrhundert** nach Christus kamen aus China der Buddhismus und die chinesischen Schriftzeichen über Korea nach Japan.

Heian Zeit: 794-1156 die Beziehungen zu China wurden abgebrochen, der Blick nach innen gerichtet, die spezifischen japanischen Künste entwickelten sich: *noo*-Theater, *kabuki*-Theater, Teezeremonie. Kyoto wurde zur Hauptstadt

1185 verlor der Kaiser nach und nach die Macht und die *shogune* errichteten ein feudalistisches Stände-System. (Ein *shogun* ist ein oberster Heeresführer.) Sie bauten eine Militärverwaltung auf, die 700 Jahre lang das Regierungssystem prägte. Das Volk war in vier Stände geteilt: Die *samurai*, die über das Volk richten konnten, auch weil sie als Einzige Waffen tragen durften. Die Bauern, die den *samurai* einen Teil ihrer Ernte abgeben mussten. Die Handwerker, die durch ihren Beruf ein wenig freier waren als die Bauern, die nicht umziehen durften. Die Kaufleute waren der niedrigste Stand, da sie nichts produzierten. 700 Jahre später waren sie Auslöser für Veränderungen.

1274 und **1281** versuchten Mongolen in Japan einzudringen, ihre Flotte wurde jeweils von Taifunen zerstört. Beide Male wurde Japan in den Augen seiner Bewohner von den göttlichen Winden vor der Invasion der Mongolen beschützt. Der Begriff *kamikaze*, der ‚göttliche Wind' drückt dies aus. Im zweiten Weltkrieg wurde der Begriff *kamikaze* von den Amerikanern für die jungen Flieger benutzt, die per Befehl dazu gezwungen wurden, sich mit ihren Flugzeugen auf amerikanische Schiffe zu stürzen und dabei in den meisten Fällen den sicheren Tod fanden.

12.-16. Jahrhundert: Das Land erlebte viele Bürgerkriege.

1549: Die Christianisierung Japans durch die Portugiesen begann. Außerdem gelang es Portugal und Spanien, einen Großteil des Handels mit China von japanischem Boden aus unter ihre Führung zu bringen.

1603: Beginn der Regierungszeit des Geschlechts der *Tokugawa*, das bis 1867 an der Macht war. Man bezeichnet diese Zeit als *Edo*-Zeit. *Edo*, das heutige Tokio, wurde zur Hauptstadt. Alles wurde totalitär mit Hilfe von Spitzeln reglementiert: Wohnort, Ernährung, Kleidung, selbst Schlafgewohnheiten. Der Einfluss des Kaisers war auf zeremonielle Aufgaben beschränkt. Die *shogune* des *Tokugawa*-clans überwachten ihre Lehnsherren mit Hilfe von Zuweisungen und Entzug von Lehnsgütern. Verstöße wurden hart bestraft, z.B. mit Verbannung. Die Geistlichkeit wurde in Sekten zersplittert und ihre Rivalität dadurch angeheizt. Die *samurai* lebten von den Abgaben der Bauern, sie arbeiteten nicht. Die Masse der Bevölkerung war Bauern, die enorm ausgebeutet wurden. Von ihnen hing der Wohlstand der *samurai* und der *shogune* ab.

Ironie der Geschichte: Ausgerechnet ein Ausländer sorgte für den Sieg *Ieyasu Tokugawas*. Der Engländer William Adams, ausgezeichnet dargestellt in der Verfilmung ‚Shogun', hatte Kanonen an Bord seines gestrandeten Schiffes, die *Tokugawa* zum Sieg in der letzten, entscheidenden Schlacht im Jahre 1600 verhalfen. Adams durfte das für die nächsten 254 Jahre total abgeschottete Land nicht mehr verlassen und starb in Japan.

William Adams klärte *Ieyasu Tokugawa* darüber auf, dass die Portugiesen und Spanier in anderen Ländern mit Hilfe der Christianisierung und durch das Betreiben von Handel nach und nach die Macht übernahmen. Dies war Grund genug für *Tokugawa*, nach der Machtübernahme das Christentum zu verbieten. Alle Christen mussten ihrem Glauben abschwören oder sie wurden getötet.

1635: Einführung der Residenzpflicht in *Edo*. Ein weiteres Machtinstrument der *Tokugawas*: Die Lehnsherren mussten eine Familienresidenz in *Edo* unterhalten. Hier lebte ein Teil der Familie als Geiseln und die Familienoberhäupter waren gezwungen, in regelmäßigen Abständen mit großem Gefolge nach *Edo* zu reisen. Im Wert heutiger amerikanischer Dollar berechnet kostete eine Reise aus dem Nordwesten des Landes ca. 1,8 Millionen Dollar. Diese Gelder fehlten dann beispielsweise zum Aufbau eigener, oppositioneller Armeen und sicherte somit die Macht der *Tokugawa*.

Eine weitere interessante Maßnahme zur Machterhaltung war das Verbot von Rädern. Es gab in Japan bis zur Zeit der Öffnung 1854 keine Kutschen, Fuhrwerke oder ähnliches. Zum Vergleich: In Deutschland fuhr 1830 die erste Eisenbahn, während es im Japan von 1854 keine Kutschen gab. Der Grund dafür war, dass viele Stände zur besseren Überwachung ihre nähere Umgebung auf keinen Fall verlassen sollten. Wer seine Lasten auf dem Rücken tragen musste, war einfach nicht in der Lage, weite Strecken in kurzer und vielleicht unbeobachteter Zeit zurückzulegen.

Die Folgen dieses Gesetzes spürt man auch im Tokio des 21. Jahrhunderts. Sobald man die großen Verkehrsschneisen verlässt, befindet man sich schnell in winzigen Sträßchen, die kaum breit genug für ein Auto sind, von zweien ganz zu schweigen.

Ebenso prägen viele andere Regeln, Gesetze und Verhaltensweisen das Verhalten der Japaner bis heute. Aber in 400 Jahren entstand auch die Kunst und die Geschicklichkeit, sie an geeigneter Stelle zu übertreten.

Mitte des **19. Jahrhunderts** zerfiel das Regierungssystem. Die *samurai* waren in der langen Friedensperiode unwichtig geworden und verloren zunehmend an Autorität, es entstand ein wohlhabender Kaufmannsstand, der die Grundlage für eine Veränderung darstellte.

1854: Erzwang die US Flotte unter Kommandant Perry mit ihren ‚schwarzen Schiffen' die Öffnung des Landes. Die Amerikaner waren überrascht darüber, in Japan eine längst vergangen geglaubte Zeit zu entdecken.

1868: Nach Jahrhunderten ohne Einfluss des Kaiserhauses auf die Geschicke des Landes wurde Kaiser *Meiji* inthronisiert und übernahm die Macht in Japan. Der Feudalismus wurde beseitigt. Es war wichtig, Japan vor der Kolonialisierung westlicher Mächte zu bewahren, deshalb musste das Land unbedingt schnell modernisiert werden. Aus diesem Grund ließen sich Japaner in aller Welt zu Experten ausbilden und westliche Experten wurden nach Japan geholt, um die zu dieser Zeit besten Systeme der Welt zu installieren. So wurden das Schulsystem und das Verkehrswesen aus England übernommen, das Militärwesen aus Frankreich, das Beamtenwesen und die Medizin aus Deutschland, die schönen Künste aus Italien usw. Westliche Kultur wurde bewundert, das Japanische gering geschätzt, viele alte Dinge wurden zerstört, es galt sogar als gute Sitte, eine ausländische Frau zu heiraten, um das Blut aufzufrischen. Unter Kaiser *Meiji* verwandelte sich das feudalistische Japan in eine moderne Nation mit Parlament, Industrie, Eisenbahn, Heer und Marine.

1910 kam es zur Besetzung Koreas.

30er Jahre: Der Bedarf Japans an Überseemärkten wuchs. Der Nationalismus blühte auf. Japan fühlte sich als natürlicher Führer in Festlandasien und im Pazifik.

1931 Einmarsch in die Mandschurei, danach erfolgte eine schrittweise Besetzung von weiten Teilen Südostasiens.

1941 Angriff auf Pearl Harbour, dadurch Eintritt der Japaner und Amerikaner in den zweiten Weltkrieg. Die japanischen Truppen breiteten sich aus: Neben Russland und China wurden große Teile Asiens besetzt.

1942 Seeschlacht von Midway: Die Japaner verloren ihre Flotte und ihre Handelsflotte, aber sie kämpften weiter wie besessen. Auf Okinawa gab es 260.000 tote Soldaten und Zivilisten.

6.8.1945 wurde die Atombombe auf Hiroshima abgeworfen.

9.8.1945 wurde die Atombombe auf Nagasaki abgeworfen.

14.8.45 erfolgte die Kapitulation Japans durch eine öffentliche Radioansprache das Kaisers.

Kaiser *Hirohito* wurde von General McArthur, oberster Befehlshaber der alliierten Streitkräfte, auf einem Militärschiff empfangen. Danach war McArthur der Meinung, dass Japan den Kaiser als Symbol benötige und er nicht vor Gericht gestellt werden dürfe.

Von 1926 bis 1989 war *Hirohito* Japans Kaiser, er war während des 2. Weltkrieges oberster Befehlsheber des Heeres. Bis heute ist umstritten, welche Rolle er bei der Kriegsführung Japans spielte. 1946 musste er auf Druck der USA seiner Göttlichkeit entsagen. 1989 wurde Kaiser *Akihito* inthronisiert – er vollzog wieder die Göttlichkeitszeremonie, obwohl 1946 Kaiser *Hirohito* seinen Göttlichkeitsanspruch aufgeben musste und die Verfassung dies verbietet.

1952 Japan erhielt die volle Unabhängigkeit zurück, es entstand eine demokratische Verfassung. Die Amerikaner akzeptierten interessante Punkte in dieser Verfassung, wie die Bestimmung, dass der Kaiser männlich sein muss. Ferner besagt die Verfassung, dass der Kaiser kein Gott ist und nur ein Symbol Japans sein darf, ohne jegliche Funktion.

Kaisertum: Der Kaiser wird vom Schintoismus als lebender *kami* (Gott) betrachtet und als Abkömmling der Sonnengöttin *Amaterasu*. Der Kaiser gilt als Vater des Volkes, als göttliches Wesen, das die Verbindung des Menschen zum Himmel aufrecht erhält.

Ab dem 4. Jahrhundert gab es in Japan eine Art Kaiser. Es ist wenig bekannt aus dieser Zeit, aber bis heute beruft sich der Kaiser auf diese Wurzeln und damit gilt das japanische Herrscherhaus als eines der ältesten.

Kaiser ohne Macht: Ab 1192 übernahmen die Shogunate die Macht, aber die Notwendigkeit des Erhalts der Familienlinie des Kaisers wurde nicht bestritten. Durch die Verarmung der Bauern und den Autoritätsverlust der *samurai* fiel die Macht der *Tokugawa*. Kaiser *Meiji* errang 1868 wieder die Regierungsgewalt und der Schintoismus wurde als offizielle Staatsreligion eingeführt.

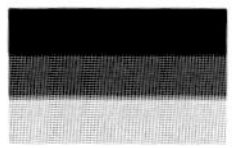

Deutschland

Im deutschen Kulturkreis haben wir gelernt, mit unserer Geschichte, vor allem der Zeit des zweiten Weltkriegs, sehr selbstkritisch umzugehen. Wir versuchen bis heute aufzuarbeiten was damals geschah, auch um ein Wiederholen der Geschichte unmöglich zu machen.

Auf Japaner wirkt unser Umgang mit der neueren Geschichte und unsere Haltung dazu schnell rechthaberisch, überkritisch und zu schwergewichtig für eine normale Unterhaltung.

Japan

Japaner werden nicht dazu angehalten, ihrer Geschichte selbstkritisch zu begegnen. Gerade die Zeit der japanischen Besatzungspolitik in Asien und des zweiten Weltkriegs wird wenig thematisiert. Die meisten Japaner erfahren nicht viel über dieses Thema in der Schule oder aus den Medien.

Aus der Praxis

Ein von mir erlebter Fall: Im Taxi in Tokio: „Where are you from? Oh Germany, we were partners in World War II, right?"

Dies ist eine Situation, die in feucht-fröhlichen informellen Abendveranstaltungen ebenso wie im Geschäftsumfeld passieren kann. Häufig hört man auch unter Geschäftspartnern nach der Feststellung, dass wir aus Deutschland kommen, das japanische ‚*issho ni makemashita*'–‚wir haben gemeinsam verloren'. Japaner schätzen uns Deutsche sehr, aus den unterschiedlichsten Gründen. Einer davon, auch wenn es uns heute nicht mehr gefällt, ist die Zeit des Zweiten Weltkriegs und die Tatsache, dass Deutschland, Italien und Japan Verbündete waren. Japan und Deutschland haben sich während und nach dem Zweiten Weltkrieg in einer ähnlichen Situation befunden: Beide Länder waren in ihrer Region Aggressoren, die der Meinung waren, dass die eigenen Werte die besten seien und in andere Völker getragen werden müssten. Beide Nationen starteten internationale Kriegshandlungen und besetzten zahlreiche Länder. In beiden Ländern griffen schließlich die Amerikaner ein und beendeten den Krieg, unter schwersten Zerstörungen der Städte und hohen Verlusten innerhalb der Zivilbevölkerung. Beide Nationen mussten im Vergleich zur Zeit vor dem Zweiten Weltkrieg erhebliche Reduzierungen des Staatsgebietes akzeptieren und nicht nur die im Zweiten Weltkrieg besetzten Gebiete wieder räumen. Japan verlor so die Hoheit über Korea (seit 1910 zu Japan gehörig) und Taiwan (seit 1895 zu Japan gehörig). Die Infrastrukturen und Gebäude in Japan und Deutschland waren 1945 in höchstem Maße zerstört. Dennoch haben beide Länder ein Wirtschaftswunder geschafft. Japan ist heute die drittgrößte Wirtschaftsnation der Welt und Deutschland die viertgrößte. Älteren Japanern ist dies alles heute noch stark bewusst und sie sehen uns Deutsche in gewisser Weise als ihnen ähnlich und ebenbürtig. Gemeinsame Werte wie Zuverlässigkeit, hartes Arbeiten und Zielstrebigkeit sind Japanern oft viel bewusster als uns.

Häufig gestellte Frage: „Wie gehen Japaner mit ihrer Kriegsschuld um?"

Jüngere Japaner werden in ihrer schulischen Ausbildung mit diesem Thema wenig konfrontiert und wenn, dann eher selten in der Rolle Japans als Aggressor. Außerdem sind viele Japaner der Meinung, dass an Korea und China, welche die Hauptleidtragenden japanischer Expansionspolitik waren, genug Reparationszahlungen geleistet wurden. In China kommt es in regelmäßigen Abständen zu antijapanischen Demonstrationen, die häufig medienwirksam mit Übergriffen der Bevölkerung auf japanische Geschäfte in Szene gesetzt werden. Die deutschen Medien berichten dann meist, dass diese Demonstrationen auf Grund von neuen, die Tatsachen verfälschenden Schulbüchern stattfinden. Wenn man jedoch die Umstände genauer betrachtet, stellt man schnell fest, dass die Hintergründe andere sind. Japan zahlt, wie Deutschland, seit langen Jahren enorme Summen für Wirtschaftsförderung und umweltpolitische Projekte an China und möchte diese Zahlungen gerne reduzieren. Außerdem versucht Japan, wie Deutschland, seit langem einen ständigen Sitz im UN-Sicherheitsrat zu erlangen. Diese Vorstöße sind bei der chinesischen Regierung äußerst unpopulär und die antijapanische Stimmung schlägt dann, durchaus gewollt, bei beiden Themen hohe Wellen, wenn sie erneut zur Diskussion stehen.

Häufig gestellte Frage: „Wie stehen Japaner zu Amerika?"

Amerika ist heute ein wichtiger politischer Partner und Verbündeter Japans. Die japanische Angst vor Nordkorea ist allgegenwärtig und Amerika gewährt Japan bis heute Schutz. Japan war nach dem Zweiten Weltkrieg ähnlich wie Westdeutschland Amerikas Brückenkopf gegen den Vormarsch des Kommunismus. Die Populärkultur Japans ist ebenso wie in Deutschland stark von der amerikanischen beeinflusst. Alle Hollywood-Blockbuster laufen dort im Kino, die Pop- und Rockgrößen sind erfolgreich und in allen Karaokeboxen vertreten, McDonald´s und Starbucks sind allgegenwärtig. Kurz: Amerika ist wichtig und beliebt. Der Abwurf der Atombomben auf Hiroshima und Nagasaki ist heute eher zu einem auf diese Städte begrenzten lokalen Thema geworden. Die Rechtsradikalen, die Japan wieder in ein Kaiserreich verwandeln wollen und dies lautstark von Lautsprecherwagen vor den Bahnhöfen kundtun, erinnern die Passanten ebenfalls regelmäßig daran. Außer an den jährlichen Gedenktagen sind die Geschehnisse von Hiroshima und Nagasaki für die allermeisten Japaner räumlich und zeitlich weit entfernt. Man darf auch nicht vergessen, dass sich die Rolle Japans durch diese schrecklichen Bomben schlagartig vom Aggressor in das eines weltweit beachteten schweren Opfers umgekehrt hat. China und Korea sind darüber bis heute verbittert.

Für die Praxis

- Vermeiden Sie das Thema Zweiter Weltkrieg, insbesondere dann, wenn Sie sich nicht sicher sein können, ob auch Staatsangehörige anderer Länder anwesend sind.
- Wechseln Sie das Thema, falls es plötzlich aufkommen sollte.
- Versuchen Sie nicht, Japanern unser Umgehen mit der Schuld des Zweiten Weltkriegs zu erklären. Es kann nicht gelingen, da wir dazu völlig verschieden erzogen und informiert sind. Japaner sind hier selten selbstkritisch.
- Akzeptieren Sie, dass es auch andere Meinungen gibt: Aus unserer Sicht hat das Thema Kriegsaufarbeitung in Japan nicht stattgefunden, aber das ist unser deutscher Standpunkt.
- Äußern Sie nichts Negatives über das Kaiserhaus.
- Sprechen Sie positiv über unverfänglichere geschichtliche Themen wie die heute noch gültigen Werte der Samuraizeit, z.B. Loyalität, Treue, unermüdlicher Einsatz für die Gruppe.

Die japanische Sprache

Sprache und Schrift sind natürlich wichtige Schlüssel zur Kommunikation und leider gibt es hier besonders große Hürden zu überwinden. Die deutsche Sprache als germanische Sprache hat mit dem Japanischen, dessen Herkunft bis heute unklar ist, absolut keine Gemeinsamkeiten. Einzig das Alttürkische weist als westliche Sprache ein wenig Ähnlichkeit mit Japanisch auf. Ansonsten ist Japanisch eine weitgehend isolierte und für sich stehende Sprache.

Deutschland

Wir legen in unserem Bildungssystem großen Wert auf den Fremdsprachenerwerb. Wir sind stolz darauf, verschiedene Sprachen zu sprechen und sie sind für eine Karriere unerlässlich. Kein Bewerbungsschreiben ohne Hinweise auf Sprachkenntnisse und Auslandsaufenthalte und die damit verbundenen Erfahrungen und erlernten Fremdsprachen. Für uns gehören mindestens Englischkenntnisse zu einer höheren Bildung.

Allerdings lernen viele in Japan lebende Ausländer kaum Japanisch, auch die meisten Deutschen nicht, was sehr bedauerlich ist und sie oft in Ausländerkreisen gefangen hält. Ohne Sprachkenntnisse sind viele Unternehmungen in Japan äußerst schwierig und frustrierend. Zudem bleiben dem Expatriate und seiner Familie die Kultur an vielen Stellen verschlossen, wenn sie die Sprache nicht sprechen und somit keinen direkten Kontakt zur Bevölkerung aufnehmen können.

Japan

Es gibt in der japanischen Schrift zwei Silbenalphabete: *Hiragana* und *katakana*. Außer den Vokalen und dem ‚N' existieren darin keine alleinstehenden Buchstaben. Dies bedeutet, dass es für Japaner schwierig bis unmöglich ist, bestimmte Buchstabenkombinationen auszusprechen. Es gibt beispielsweise eine Silbenreihe mit ‚S': *Sa, shi, su, se, so*. Ein Name, der andere Kombinationen erfordert wie Simon oder Schmitt ist unaussprechlich, es müssen immer kaum hörbare Vokale eingeflochten werden. Aus Simon wird *Shimon* und aus Schmitt wird *Shumitsu* oder *Shumito*. Dies erklärt, dass Japaner große Probleme haben, fremde Worte auszusprechen, vergleichbar mit dem englischen ‚Th' für uns Deutsche.

Die japanische Schrift erschwert den Spracherwerb zusätzlich, auch für Japaner. Japanische Schüler müssen enorm viel Zeit und Energie aufwenden, um die geforderten 2000 chinesischen Zeichen *kanji* (das sind die offiziellen *kanji* für behördliche Texte, tatsächlich gibt es über 20.000) zu erlernen, die neben den ca. 100 japanischen Zeichen die japanische Basisschrift bilden, deren Beherrschung die Grundlage zum Lesen von Zeitungen und Büchern darstellt. Die einzelnen Zeichen lassen sich in vielen Kombinationen variieren und verändern dann auch ihre Bedeutung. Die Zeichen für das Wort *Nippon* sind Sonne und Ursprung. Wenn man diese Zeichen aber umdreht, Ursprung und Sonne, so ergeben sie das Wort heute.

Alle drei Schriftsysteme werden gleichzeitig benutzt und auch oft mit lateinischen Buchstaben kombiniert. Es gibt keine Wortabstände bei Texten und oft wird von rechts nach links und von oben nach unten geschrieben.

Bereits diese kurzen Erklärungen lassen erahnen, wie schwer es auch für Japaner ist, ihre Schrift und Sprache ausreichend zu erlernen. Dem japanischen Schulsystem ist es deshalb auch deutlich wichtiger, den Schülern ihre Muttersprache ausreichend beizubringen als Fremdsprachen. Natürlich gibt es heute dieselben Bestrebungen wie in Deutschland, den Kindern Englisch nahe zu bringen, zum Teil schon ab dem Kindergarten, aber Japanisch ist und bleibt wichtiger. Hinzu kommt, dass im Englischunterricht wenig Englisch gesprochen wird. Wichtigstes Ziel ist es, die Schüler für die Aufnahmeprüfungen zu weiterführenden Schulen vorzubereiten, die ausschließlich Fähigkeiten im Lesen und Schreiben testen.

Als Berufstätige versuchen viele Japaner in Abendkursen, Fernsehkursen oder Sprachprogrammen auf dem Smartphone ihr Englisch zu verbessern, leider nicht immer mit Erfolg.

Aus der Praxis

Häufig geäußerte Anmerkung: „Es ist schwierig, mit Japanern zu kommunizieren. Viele sprechen sehr schlecht Englisch und auch wenn sie es tun, ist die Aussprache oft völlig unverständlich.“

Wir gehen davon aus, dass überall Englisch gesprochen wird im internationalen Business unserer heutigen globalisierten Welt. Wir müssen uns freimachen vom Gedanken, dass Sprachkenntnisse überall auf der Welt als wichtig anerkannt sind und überall Englisch gesprochen wird. Japaner sind sich ihrer mangelnden Englischkenntnisse schmerzhaft bewusst und sie bemühen sich, sich hier zu verbessern.

Fall eines Teilnehmers: „Ein japanischer Kollege schaute mein Lehrbuch an und meinte dann: ‚So spricht doch niemand‘. Dies ist auch mein Eindruck. Ich bin frustriert und frage mich, warum ich überhaupt weiterlernen soll.“

Zu Beginn lernen wir tatsächlich eine japanische Hochsprache, die umgangssprachlich so nicht angewandt wird. Die hier erworbene Grammatik und Strukturen sind aber absolut nötig, um ein gepflegtes, korrektes Japanisch sprechen zu können. Wenn Sie in der Lage sind, sich bei einer Präsentation in eben diesem Hochjapanisch vorstellen zu können, werden Sie viel Wohlwollen erhalten.

Ich habe ebenfalls mit den Lehrbüchern und den Lehrern gehadert, weiß heute aber, dass das Umgangsjapanisch auf all diesen Strukturen aufgebaut ist. Es lässt sich mit geeignetem Lehrmaterial, das mittlerweile erhältlich ist, relativ schnell lernen. Aber: Es ist allemal besser, sich vielleicht übertrieben höflich als unangemessen unhöflich auszudrücken.

Tipps für die Praxis

- Lernen Sie Japanisch, vor allem, wenn Sie längere Zeit im Land leben. Es erfordert zwar eine enorme Anstrengung und einen hohen Zeitaufwand, aber es ist möglich. Viele in Japan lebende Ausländer haben den Mythos der Japaner, dass ihre Sprache nicht erlernbar sei, widerlegt.

- Suchen Sie sich dazu einen Gesprächspartner, mit dem Sie regelmäßig kommunizieren können. Ideal geeignet sind Japaner, die klares, deutliches Japanisch sprechen und die auch etwas Englisch können, so dass Sie sich zu Anfang einer japanisch-englischen Sprachmischung bedienen. Beginnen Sie zu zweit und vergrößern Sie dann die Gesprächsgruppe.
- Lernen Sie ein paar Floskeln, auch wenn Sie nur kurz in Japan sind.
- Hüten Sie sich als Mann davor, Frauenjapanisch zu sprechen. Sie machen sich damit lächerlich. Auch als Frau Männersprache zu sprechen kommt nicht gut an. Beispielsweise gibt es viele spezielle Worte und Wortendungen, die nur von Frauen oder von Männern benutzt werden. So bezeichnen Männer sich selbst als *boku*, Frauen sagen *(w)atashi*. Frauen verwenden für das Adjektiv ‚heiß' das grammatikalisch korrekte *atsui*, Männer benutzen ein umgangssprachlich ruppiger endendes *atsee*. Die Satzendung ‚*wa*' wird ausschließlich von Frauen benutzt.
- Sprechen Sie Englisch mit ihren japanischen Kollegen, auch wenn es schwer fällt und länger dauert, damit diese ihre Sprechfähigkeiten verbessern.
- Telefonieren Sie regelmäßig. Wählen Sie nicht immer den einfacheren Weg des E-Mailschreibens. Nur wenn das Englischsprechen auch geübt wird und als notwendig erkannt wird, wird es sich auch verbessern.
- Setzen Sie Sprachkenntnisse nicht mit Intelligenz oder Fachkenntnissen gleich.
- Gehen Sie nicht davon aus, dass der Japaner der Englisch spricht, Sie versteht, im Sinne vom Verständnis und Anwenden westlicher Kultur.
- Schließen Sie nicht von der Qualität der von Japanern verfassten englischen Schriftstücke auf verbale Fähigkeiten. Englisch schreiben fällt vielen Japanern relativ leicht. Sprechen ist dagegen oft schwierig.

Japanische Basisbegriffe

Ein Witz

Wie wurde das Jodeln erfunden? Zwei Japaner sind auf einer Bergtour. Plötzlich fällt ihr Radio in eine Schlucht. Fragt der eine Japaner: Hol i diladio odel Hol du diladio?

Dies ist ein deutscher Witz, der für Japaner unverständlich wäre. In einem Punkt allerdings gibt es eine Gemeinsamkeit, Japaner lieben es, in ihrer Sprache Witze mit missverständlichen, mehrdeutigen japanischen Worten zu machen.

Hier geht es um das Klischee, dass Japaner kein ‚R' sprechen können. Im Schriftlichen verwenden sie tatsächlich oft ein ‚L' statt eines ‚R', aber in der Aussprache befindet sich das japanische ‚R' zwischen unserem ‚L' und einem gerollten amerikanischen ‚R' und hört sich tatsächlich mehr wie ein ‚R' an. Das Klischee stimmt also eher nicht.

Japaner honorieren es sehr, wenn wir uns die Mühe machen, einige japanische Worte zu lernen. Haben Sie keine Angst vor der Aussprache.
‚J' ist stimmhaft, wie im Englischen und ‚Z' wird wie ein scharfes ‚S' ausgesprochen. Die Vokale, die nicht oder kaum hörbar sind, habe ich hier weggelassen:

Ohayoo gozaimas	Guten Morgen
Konnichiwa	Guten Tag
Kampai	Zum Wohl
Itadakimas	An Stelle von ‚Guten Appetit'
Hajimemaschte	Freut mich, Sie kennen zu lernen
Arigatoo gozaimas	Vielen Dank
Sumimasen	Entschuldigung
Omedetoo gozaimas	Herzlichen Glückwunsch
Ganbarimas	Wir strengen uns an

Missverständnisse mit Englisch

Angepasstes Englisch

Es kann mitunter durch die Aussprache zu Missverständnissen kommen. Zum Beispiel hört sich das englische ‚agree' im japanisierten Englisch wie ugly an, es wird *aguree* ausgesprochen. Wenn man häufig mit Japanern Englisch spricht, gewöhnt man sich natürlich an die spezielle Aussprache. Manchmal werden Worte auch anders benutzt. Im Hotel ist für Japaner ‚front' die Rezeption, andere Nationen warten dann mitunter vor dem Hotel auf die Japaner.

Japaner lieben es, englische Worte japanisch zu verwenden. Auch im Deutschen gibt es solche Worte. Wo wir aus ‚to vote' heute einfach ein deutsches Verb machen (‚voten' oder die Aufforderung ‚votet') mischen Japaner Worte wie:
shooene: Für Energiesparen aus *shoo*, ein japanisches Wort für weglassen und *–ene* vom englischen energy.
totacan: Für plötzliche Absagen aus *totsuzen*, japanisch für plötzlich und *-can* vom englischen to cancel.

Abkürzungen aus englischen Worten

Apuri	Computerapplication (App)
Kanabi	Carnavigator
Depato	Departmentstore
Supa	Supermarket
Apo	Appointment

Englische Aussagen und ihre Bedeutung

Yes: Ich höre zu, ich verstehe oder ich bin einverstanden
I understand: Ich habe Ihnen zugehört, ist keine Zustimmung
I will consider it: Meist ein taktvolles Beenden der Diskussion, bedeutet nein
It is difficult: Ist meist ein Nein
I am difficult to understand: ‚Ich verstehe nicht' anstatt: ‚Es ist schwierig mich zu verstehen.' (Japaner haben Probleme, Subjekte zu benutzen, da sie im Japanischen oft vermieden werden. Es passiert deshalb schnell, dass diese im Englischen falsch sind.)

Do you understand: Verstehen Sie mein schlechtes Englisch (auch wenn es exzellent ist)

Abstufung der japanisch ausgedrückten Zustimmungen

Mondainai	Kein Problem
Ii desu	Das ist ok
Hai	Ja (als Reaktion auf eine direkte Frage, muss hinterfragt werden, z.B. „Do you agree about…")
So desu ne	Nachdenkliches: ‚So ist es, nicht wahr?‘
Tabun	Vielleicht
Mutsukashi	Schwierig (bedeutet fast immer nein)
Dekinai	Können wir nicht

Für die Praxis

- Sprechen Sie einfaches Englisch.
- Benutzen Sie keine schwierigen Formulierungen wie ‚Don´t you think…‘, hier wird oft nur die Verneinung wahrgenommen. Besser sind direkte Formulierungen ‚What is your opinion?‘
- Sprechen Sie langsam, wir benutzen für Japaner durchschnittlich zu viele Worte in der Minute.
- Machen Sie Pausen beim Sprechen.
- Benutzen Sie die Mirrortechnik, um zu erfahren, ob das Erklärte verstanden worden ist. Beginnen Sie dabei einen Satz und lassen Sie ihn von Ihrem Kollegen zu Ende führen.
- Sagen Sie nicht ‚Do you understand?‘ dies lässt immer auch die Interpretation mitschwingen, dass Sie die Zuhörer für wenig klug halten. Benutzen Sie statt dessen ‚Do you follow me so far? Do I speak clear?‘
- Stellen Sie offene Fragen, um mehr Reaktion und Information als 'Yes' oder 'No' zu erhalten und warten Sie auf die Antwort, halten Sie die oft entstehenden Sprechpausen aus.

Visitenkarten

Visitenkarten sind auf den ersten Blick ein Stück Pappe, auf dem der Name des Besitzers sowie seine Firmendaten vermerkt sind. Sie haben eine wesentlich längere Tradition, als man vermuten würde. Seit dem 15. Jahrhundert sind sie in China bekannt und deshalb vermutlich auch in Japan. Ab dem 17. Jahrhundert gewannen sie in Europa an Bedeutung und wurden bei Besuchen vor allem dem Hausdiener zur Anmeldung überreicht.

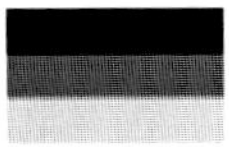

Deutschland

Wer bei uns in einer Firma fest angestellt ist und häufig firmenfremde Kontakte hat, erhält eine Visitenkarte. Wir überreichen Sie ausschließlich im Geschäftsleben beim Kennen lernen einer neuen Person. In unserer Geschäftskultur dient sie vor allem dem Weitergeben der Kontaktdaten, aber die Visitenkarte zeigt auch unsere Position im Unternehmen an, die möglichst klangvoll sein sollte. Wir legen nicht so viel Wert auf Visitenkarten, oft haben wir keine greifbar und bei Änderung der Daten beschriften wir sie schon einmal von Hand. Wenn möglich, individualisieren wir unsere Visitenkarten gerne. Wir wählen dann ein anderes Format, ein besonderes Design, besondere Farben.

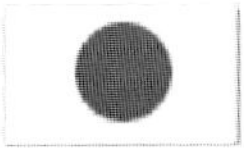

Japan

Jeder japanische Angestellte hat eigene Visitenkarten. Sie haben in Japan einen völlig anderen Stellenwert als in Deutschland. Sie zeigen die Zugehörigkeit zur wichtigsten Gruppe, der ein japanischer Angestellter angehört, dem Unternehmen, das man vertreten darf und auf das man stolz ist. Japanische Visitenkarten sind genormt. Alle sind gleich groß und auf dieselbe Art und Weise beschriftet. Dies dient der besseren Archivierung der Karten und zeigt, dass man das Mitglied einer Gruppe ist, ohne das Bestreben nach Individualität an dieser Stelle. Für Japaner sind Visitenkarten zum einen eine Art Firmenausweis und zum anderen dient das Sammeln von Visitenkarten dem Ausbau des eigenen Netzwerkes. In ihrer Funktion als Ausweis und Beweis der Gruppenzugehörigkeit werden Visitenkarten in Japan respektvoll behandelt.

Bei sehr großen Meetings werden die Karten im Vorfeld eingesammelt, von beiden Seiten kopiert und mit dem Protokoll verteilt. Es kostet bei einem zweistündigen Meeting mit 100 Teilnehmern einfach zu viel Zeit, Karten auszutauschen. Deshalb wird dann mitunter dieser Weg gewählt.

Aus der Praxis

Fall eines Teilnehmers: „Ich hatte vor 10 Jahren Kontakt mit einer Gruppe Japaner. Als das Projekt beendet war, gab es außer jährlichen Neujahrskarten keine gemeinsamen Berührungspunkte mehr. Jetzt kam ein Mitglied dieser Gruppe nach Deutschland und ich machte einen kurzen Besuch bei seiner Ankunft in meiner Firma. Der Japaner erkannte mich sofort, wusste meinen Namen und erinnerte sich an weitere Einzelheiten, obwohl es nicht geplant war, dass wir uns treffen. Ich war verblüfft."

Japaner nehmen ihr Netzwerk sehr ernst. Jemanden, den sie einmal kennen gelernt haben, vergessen sie selten wieder. Zur Erinnerung dienen dabei Fotos, die immer und überall gemacht werden und die gesammelten Visitenkarten, die nachträglich mit zusätzlichen Notizen versehen werden. Vor einem erneuten Treffen werden die in Frage kommenden Visitenkarten wieder angeschaut und die Erinnerung an die zu erwartenden Personen wird aufgefrischt.

Tipps für die Praxis

- Nehmen Sie bei Geschäftsterminen mindestens doppelt so viele Visitenkarten mit, wie Sie zu benötigen glauben.
- Bewahren Sie Ihre Visitenkarten nicht im Portemonnaie auf. Auch die Hosentasche ist unangebracht. Dies wird als Respektlosigkeit betrachtet.

- Besorgen Sie sich Visitenkartenhalter oder -etui, möglichst nicht zu klein.
- Lassen Sie sich zweisprachige Visitenkarten drucken, wenn Sie oft mit Japanern zu tun haben. Eine Seite englisch, eine Seite japanisch. Ihren Namen sollten Sie in *katakana* (die japanische Silbenschrift für ausländische Worte) und keinesfalls in *kanji* (chinesische Zeichen) schreiben lassen, da Japaner die hier passenden Aussprachen eventuell nicht zuordnen können.
- Beschriften Sie Visitenkarten nicht, weder Ihre eigenen noch die erhaltenen.
- Überreichen Sie nur perfekt aussehende Karten, keinesfalls geknickte oder verschmutzte Karten verwenden.
- Überreichen Sie die Karte mit zwei Händen.
- Halten Sie die Karte beim Überreichen so, dass Ihr Gegenüber sie lesen kann, also aus Ihrer Sicht auf dem Kopf stehend.
- Nehmen Sie die angebotene Karte mit beiden Händen. Die übrigen Karten halten Sie mit dem kleinen Finger in Ihrer Hand fest.
- Schenken Sie der Karte Ihres Gegenübers Aufmerksamkeit. Am häufigsten wird der Name wiederholt, dessen Aussprache ausprobiert und über die Zuständigkeit gesprochen. Falls Zeit ist, ist ein Gespräch über die Bedeutung des Namens und der Schriftzeichen ein gutes Thema.
- Die Äußerung: ‚The correct pronounciation is…' wird als unhöflich betrachtet. Berichtigen Sie die Aussprache Ihres Namens nur, indem Sie ihn wiederholen und dabei kein *–san* anhängen.
- Beachten Sie, dass auf der japanisch geschriebenen Seite die Reihenfolge Nachname, Vorname ist und auf der englisch geschriebenen Seite Vorname, Nachname.
- Legen Sie während des Meetings die Visitenkarten so vor sich, wie die Japaner Ihnen gegenüber sitzen.
- Machen Sie sich auf einem Blatt Notizen zu Aussehen und Besonderheiten der einzelnen Personen, die Sie nach

dem Meeting auf die Visitenkarten übertragen können. Es kommt gut an, wenn man beim nächsten Treffen die Japaner wiedererkennt und etwas über sie weiß. Japaner sind große Könner darin.

Hier sehen Sie die korrekte Art, eine Visitenkarte zu überreichen. In der linken Hand kann man die bereits empfangene Karte, festgehalten mit dem kleinen Finger, sehen.

- Falls Sie sich nicht sicher sind, ob Sie jemanden zum zweiten Mal treffen, können Sie behaupten, dass sich Ihre Karte geändert hat. Sie bekommen dann meist auch eine Visitenkarte zurück, auch wenn sich der Japaner eventuell erinnert, dass Sie sich schon getroffen haben.
- Sammeln Sie die Visitenkarten nach dem Ende der Veranstaltung ein und lassen Sie diese auf keinen Fall liegen. Dies wäre eine offene Ablehnung Ihrer Gesprächspartner.

Religion

Religionen beeinflussen und prägen unser Verhalten, Handeln und Denken. Am Wertekanon verschiedener Religionen können wir relativ einfach wichtige Unterschiede zwischen Kulturen erkennen, besonders, wenn es schriftlich festgehaltene Lehren und Regelwerke gibt. Fremde Religionen üben oft eine starke Anziehungskraft auf Besucher aus. Wenn wir uns in anderen Ländern aufhalten, besuchen wir häufig die dortigen religiösen Heiligtümer, da sie sehr viel über Geschichte, Kultur und die Menschen des jeweiligen Landes aussagen.

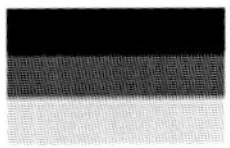

Deutschland

Ich erlebe es oft, dass Teilnehmer abwehrend auf die Frage nach der Wichtigkeit von Religion in ihrem Leben reagieren. Anscheinend leben viele Deutsche in dem Glauben, dass Religion keine Bedeutung für sie hat und in ihrem Leben nicht stattfindet.

Wenn man dies hinterfragt, kommt man aber schnell zu einem anderen Ergebnis. Fast alle unsere Feiertage haben religiöse Ursprünge, an deutschen Schulen wird nach wie vor Religionsunterricht angeboten, viele von uns zahlen Kirchensteuer, in jedem Dorf in Deutschland stehen Kirchen mit Glockentürmen, die uns regelmäßig mit ihrem Glockenschlag an ihre Anwesenheit erinnern. Daneben gibt es in Deutschland Gesetze, die den Einfluss von kirchlicher Meinung bei den öffentlich-rechtlichen Sendern regeln. Oft gibt es Interviews in Fernsehen, Rundfunk und Printmedien mit Kirchenvertretern, die sich zu gesellschaftlich relevanten tagespolitischen Themen äußern. All dies in Summe betrachtet kann niemanden glauben lassen, dass es in Deutschland möglich ist, nicht mit Religion in Berührung zu kommen, nichts mit ihr zu tun zu haben. Was der Einzelne daraus macht, ist natürlich unterschiedlich.

Unsere christliche Religion hat strikte Regeln und Gebote und wer sich nicht daran hält, der wurde früher drastisch bestraft. Diese Erfahrungen sitzen bis heute tief in den Wurzeln der christlichen Traditionen.

Japan

Japaner gehören normalerweise nicht einer Religion an, sondern sind hier äußerst flexibel.

Es gibt in Japan zwei Hauptreligionen: Den Schintoismus und den Buddhismus.

Schintoismus

Der Schintoismus existiert eigentlich nur in Japan. Er ist eine animistische Religion, die davon ausgeht, dass es überall in der Natur unzählige Götter gibt. Jedem Baum, jeder Pflanze wohnt eine Gottheit inne. Die Natur selbst ist beseelt und drückt sich durch Naturereignisse aus, welche die Kommunikation mit dem Menschen darstellen. Die Riten des Schintoismus sind lokal verschieden, jeder Schrein hat sein eigenes Fest, *matsuri* genannt, das an jedem Ort anders begangen wird. Oft sind diese *matsuri* verknüpft mit sportlichen Wettkämpfen, die zum Teil gefährlich sind, z.B. sich auf einem Baumstamm einen Berg hinabstürzen. Sicher hat der Schintoismus in früheren Zeiten dazu gedient zu erklären, warum Naturkatastrophen geschehen, aber auch dazu, die Natur zu besänftigen. Die Inseln Japans waren und sind starken Naturgewalten ausgesetzt. Es gibt ständig Erdbeben und Seebeben, viele Vulkanausbrüche und Taifune. Bereits die üblichen herrschenden Wetterbedingungen stellen große Herausforderungen dar: Starke Regenfälle, Schlammlawinen, Erdrutsche, große Kälte mit viel Schnee, große Trockenheit und Hitze. Auch die Wälder sind bis heute sehr dicht und es gibt gefährliche Tiere, z.B. Braunbären, Kragenbären und Giftschlangen. Es kommt immer wieder vor, dass sich Wanderer verirren und dies mit dem Leben bezahlen.

In früheren Zeiten war die Natur natürlich noch bedrohlicher und so baute man die Schintoschreine gerne an den Rand der Dörfer, an den Übergängen zur Natur und den Wäldern.

Der Schintoismus ist für das Diesseits zuständig. Wenn Japanern eine große Herausforderung bevorsteht, gehen sie in den Schrein und schreiben Bitttäfelchen mit ihren Wünschen, beispielsweise für eine glückliche Reise, die Geburt eines gesunden

Kindes, das Bestehen einer wichtigen Prüfung. Es wird auch Geld gespendet, um die Götter positiv zu stimmen.

Josef Kreiner, Direktor a.D. des deutschen Instituts für Japan-Studien in Tokio, ist der Meinung, dass der Schintoismus „bis heute ungebrochen das Fundament allen Denkens und Handelns“ darstellt.

Buddhismus

Der Buddhismus, der in Japan viele Überschneidungen mit dem Schintoismus hat, stammt ursprünglich aus China und wurde 552 von Mönchen nach Japan gebracht. Der Buddhismus hat in Japan unterschiedliche Schulen, aber die bei uns wohl bekannteste ist der Zenbuddhismus und damit verbunden das *zazen*, das Meditieren im Sitzen. Das Ziel dieser Meditation ist es, völlig ruhig zu werden und nichts zu denken, Stille und Leere zu schaffen, die durch nichts gestört wird, was zu einer Erleuchtung, einer höheren Bewusstseinsebene, führt. Daneben führen die Mönche im Kloster ein völlig normales Leben, aber auch hier sollen sie versuchen, sich voll auf das zu konzentrieren, was sie gerade tun und keine anderen Gedanken zulassen, auch beim Putzen, Kochen oder Unkraut jäten. Die Schüler müssen bereit sein, ihr selbstbezogenes Denken aufzugeben.

Der Buddhismus war die von den *samurai*-Kriegern ausgeübte Religion. Sie zogen aus der körperlich schmerzhaften Meditation, die auch dazu dient, Schmerzen zu ertragen und dadurch zu überwinden, die Kraft und den Willen, ohne Angst vor Verletzung und Tod in den Kampf zu gehen.

Heute ist der Buddhismus bei der japanischen Bevölkerung für den Ahnenkult zuständig. Beerdigungen werden nach buddhistischen Ritualen abgehalten und man glaubt an die Wiedergeburt.

Konfuzianismus

Der Konfuzianismus wird üblicherweise nicht als Religion bezeichnet. Konfuzius, geboren 551 vor Christus, war ein chinesischer Philosoph. Seine Lehren beeinflussen bis heute die Regeln des gesellschaftlichen Miteinanders in China, Korea und Japan.

Es gibt einige Grundsätze in den konfuzianistischen Lehren, die bis heute in Japan gelebt werden:
‚Die Stabilität der Gesellschaft gründet sich auf ungleiche Beziehungen'.
‚Wenn zwei Menschen aufeinander treffen, sind sie nach der Theorie Konfuzius´ nicht gleichrangig'(siehe Kapitel Seniorität und Hierarchie).
‚Die Familie ist der Prototyp aller sozialen Organisationen.'
Es geht Konfuzius nicht um das Individuum, sondern um die Gruppe (siehe Kapitel Familie und Firma).
Dem lebenslangen Lernen kommt eine enorm große Bedeutung zu, ebenso wie Loyalität und der Respekt vor den Eltern.

Christentum

Das Christentum in Japan hat sich von der Christenverfolgung Anfang des 17. Jahrhunderts nicht erholt. Es gibt, je nach Statistik, zwischen zwei und fünf Prozent Christen in Japan. Dies bedeutet in absoluten Zahlen: Zwischen 2,5 Millionen und 6,5 Millionen Japaner sind Christen.

Junge Japaner finden es schick, christlich zu heiraten. Dazu trägt man westliche Brautkleidung und ein Laienpriester hält die Predigt in einer Hotelkapelle.

Obwohl die Religionen im Leben der modernen Japaner heute keinen übermäßig starken Einfluss haben,(wohl vergleichbar mit unserer durchschnittlichen Einstellung zu Religion), sollte man den Einfluss der Religionen auf heutige Werte und Lebensweisen nicht unterschätzen. Der schintoistische Gedanke der reinigenden Wirkung von Wasser für Leib und Seele, der sich im täglichen Baderitual der Japaner wiederfindet, wird völlig selbstverständlich praktiziert. Der Schlafmangel, den viele Japaner ständig mit sich tragen, hat Ursprünge im Buddhismus, der auch das Mittel des Schlafentzugs kennt, um das Bewusstsein zu erweitern. Daneben werden alle wichtigen Ereignisse religiös abgesichert, sei es durch schintoistische Bitttäfelchen im Tempel oder das Aufstellen eines *daruma*, ein Glücksbringer, der den Mönch Bodhidharma darstellt und ein Sinnbild für Geduld und Beharrlichkeit ist.

Es gibt kein Gebäude, das in der Bauphase nicht mehrmals von Schintopriestern geweiht wird, auch Autos werden oft einem Ritual unterzogen. Außerdem werden Kinder beim Fest *shichi-go-san* (7-5-3) im jeweiligen Alter zum Schrein begleitet, um für das bisherige Glück zu danken und um eine gute Zukunft zu bitten. Fast jeder Japaner versucht, in der Silvesternacht den Tempel seiner Wohngegend zu besuchen, um das alte Jahr gut zu beenden und das Neue gut zu beginnen. Die Grenzen zwischen Aberglaube und Religion sind fließend, beispielsweise auch bei der Wahl des richtigen Tages für Vertragsabschlüsse oder Hochzeiten. Dies richtet sich nach dem alten japanischen Kalender, in dem jeder sechste Tag ein Unglückstag (*butsumetsu*, Buddhas Tod) ist. Besondere Glückstage gibt es natürlich auch. In japanischen Kalendern sind die jeweiligen Bezeichnungen bei jedem Tag eingetragen.

Im neuen Jahr spenden viele Firmen großzügige Geldbeträge an Tempel in ihrer Gegend mit dem Wunsch auf ein gutes Geschäftsjahr und ermöglichen so ein Überleben der Tempel, die auf Spenden angewiesen sind, weil es keine Kirchensteuer gibt. Auch in schwierigen Zeiten suchen Firmen den Beistand der Götter: Die Chefs des Mitsubishi-Konzerns gingen in Osaka zum *sumiyoshi*-Schrein um eine Reinigungszeremonie durchführen zu lassen.

Zusammenfassend lässt sich sagen, dass sowohl in Deutschland als auch in Japan der Rückgang der Religionen beklagt wird, diese aber bei genauer Betrachtung in beiden Kulturen doch mehr Einfluss haben, als es den ersten Anschein hat.

Aus der Praxis

Fall eines Teilnehmers: „In meiner Firma, einem deutsch-japanischen Joint-venture, begibt sich die Geschäftsführung am ersten Arbeitstag des Jahres zum lokalen Tempel. Dort überreichen wir persönlich eine Geldspende und nehmen an einer Zeremonie teil. Bei dieser Zeremonie sitzen wir bei etwa 0°C 40 Minuten in japanischer Sitzhaltung auf dem Boden im Garten des Tempels und werden vom Priester geweiht. Anschließend erhalten wir warmen Sake und ein geweihtes Pa-

pier, das in einen kleinen Schrein im Zimmer des Firmenpräsidenten gehängt wird. Der Präsident wechselt täglich persönlich das Wasser, das sich in diesem Schrein in zwei kleinen Bechern befindet."

Japanische Firmen nehmen ihre Pflicht als Unterstützer der lokalen Tempel wahr, die von den Spenden abhängig sind. Dabei möchte man auch sicherstellen, dass die Götter der Firma wohl gesonnen sind und somit einem guten Gelingen im neuen Jahr nichts im Wege steht.

Ein von mir erlebter Fall: Eine japanische Kollegin antwortete im Schintoschrein auf meine Frage, warum sie bestimmte Dinge im Schrein tue: „Hmm, das hat meine Mutter schon so gemacht, ich weiß nicht genau."

Japaner sind nicht der Meinung, dass man alle Dinge hinterfragen und alle Hintergründe kennen muss. Auch wenn es etwas Wichtiges und ein Bedürfnis ist, bei Gelegenheit in den Tempel zu gehen und bestimmte Rituale auszuführen, ist es nicht entscheidend, genau zu wissen, warum man es tut, sondern dass man es tut.

Häufig gestellte Frage: „Darf ich als Ausländer Tempel und Schreine besuchen?"

Trotz der Christenverfolgung im 17. Jahrhundert sind Japaner hier sehr tolerant. Es gibt keine richtige oder falsche Religion. Es gibt keine Gläubigen oder Ungläubigen. Jeder, der Interesse hat, ist willkommen und kann alles tun, was auch Japaner tun: Räucherstäbchen anstecken, Geld spenden, die Götter aufmerksam machen, Bitttäfelchen schreiben, Horoskopzettel ziehen, sich segnen lassen oder an Zeremonien teilnehmen.

Ein von mir erlebter Fall: Als Besucherin bei einer japanischen Beerdigung wurde ich aufgefordert, Räucherstäbchen anzuzünden und ein Glöckchen zu läuten. Jeder Schritt wurde mir genau erklärt und ich machte es einfach nach. Nach Beendigung sagte die Witwe des Verstorbenen: „Jetzt ist mein Mann glücklich".

Wenn man sich auf das japanische Leben einlässt, erlebt man viele bewegende Momente, die in unserer Kultur in dieser Art nicht selbstverständlich wären. Gerade bei dem Thema Religion sind wir oft dogmatisch eingestellt und unterscheiden stark zwischen Angehörigen der christlichen Religion und anderer Religionen. Wir glauben, dass sich verschiedene Glaubensrichtungen nicht vereinbaren lassen. Wenn wir z.B. zum Judentum konvertieren, tun wir es gründlich, ein Weihnachtsbaum hat dann keinen Platz mehr. Diese Einstellung ist Japanern fremd. Jeder Mensch, der im Moment die religiösen Rituale befolgt, ist vor ihren Göttern gleich.

Ein kleiner Familienschrein zum Gedenken an den verstorbenen Großvater. Der Schrein steht mitten im täglichen Leben, wie man an den linken und rechten Bildrändern gut sehen kann.

Für die Praxis

- Bedenken Sie, dass Japaner durch ihre Religionen geprägt sind, auch wenn sie westlich wirken.

- Fragen Sie Japaner nicht, welcher Religion sie angehören. Meist gibt es darauf keine eindeutige Antwort, da man sich nicht offiziell zu einer Religion bekennt.
- Nehmen Sie am japanischen Leben teil, dazu gehört auch, Tempel und Schreine zu besuchen.
- Beobachten Sie, was Japaner tun, machen Sie es einfach nach.
- Wagen Sie mal eine Übernachtung in einem Tempel, schön geeignet ist dafür z.B. das Städtchen *Kooya-san*, südlich von *Osaka*. Sie müssen nicht befürchten, dass man Sie bekehren möchte. Japanische Buddhisten lassen Fremde gerne an ihrem Wissen teilhaben. Es ist ihnen aber fremd, andere von der alleinigen Wahrheit ihrer Religion überzeugen zu wollen.

Schintoistischer Segen für eine gute Fahrt.

Frauen in Japan

Ein japanischer Witz

Klagt der japanische Angestellte, der *salaryman*: „Das Einzige, das mir einen warmen Empfang bereitet, wenn ich nach Hause komme, ist der Toilettensitz."

Dazu muss man wissen, dass japanische Toiletten wahre Hightechwunder sind. Bei den teuersten Modellen angefangen vom selbstständigen Öffnen des Deckels, automatischer Lüftung, beheizter Brille und vielen Sprühfunktionen, abgerundet von Föhnfunktionen und einer selbsttätigen Spülung. Vor allem die beheizte Brille ist im Winter in den unbeheizten Räumen eines japanischen Wohnhauses eine angenehme Sache.

Außerdem muss man wissen, dass japanische Ehen nicht selten reine Zweckgemeinschaften sind, auch wenn heute nur noch 10% der Ehen von Vermittlern in die Wege geleitet werden. Der Mann soll gut verdienen und der Familie dadurch einen hohen Lebensstandard bieten. Gemeinsame Unternehmungen finden in vielen japanischen Ehen nicht statt. Selbst wenn sie von einer längeren Geschäftsreise nach Hause kommen, gehen japanische Ehemänner mitunter zunächst in ihre Stammkneipe und erzählen den dort arbeitenden Frauen von ihren Erlebnissen. Die Ehefrauen legen ihrerseits häufig keinen großen Wert auf die Anwesenheit des Gatten. Sie teilen den Ehemännern ein Taschengeld zu und geben ihrerseits gerne das gemeinsame Geld mit Freundinnen aus. Ein Zeichen für mangelnde Partnerschaft ist sicher auch das beliebte Verstecken von Geld vor dem Ehepartner, das im Zweifelsfall für eigene Interessen verwendet wird.

Natürlich wollen heute viele junge Japaner, vor allem Frauen, ein anderes Familienleben führen als das hier beschriebene und sind deshalb oft nicht abgeneigt, einen Ausländer zu heiraten, von dem man sich mehr Partnerschaft und Zuneigung erhofft.

Insgesamt wird es immer schwieriger, einen Ehepartner zu finden. Dies hat mehrere Gründe: Die Frauen haben sehr hohe Ansprüche an ihre Partner, z.B. in Bezug auf das Gehalt. Daneben können viele japanische Männer auch 2017 nicht akzeptieren, dass Frauen heute selbstbewusster sind und oft ihr eigenes Einkommen haben. Das hat zur Folge, dass immer später und immer weniger geheiratet wird, was für die Geburtenrate katastrophal ist, da in Japan nur 2% der Kinder unehelich geboren werden.

Die meisten Japanerinnen empfinden Hausfrau und Mutter zu sein nicht als negativ. Sie würden nicht verstehen, warum sich deutsche Hausfrauen gerne als ‚Familienmanagerin' bezeichnen.

Auch Japanerinnen wünschen sich eine Mithilfe ihrer Männer im Haushalt. 25,2% der verheirateten Männer im Alter zwischen 20 und 30 Jahren helfen täglich im Haushalt, aber nur 8,4% der über 40jährigen. Dies geht aus einer Umfrage des japanischen Wirtschaftsmagazins ‚The Nikkei Weekly' hervor.

Der Trend geht in der Stadt zur Kernfamilie, aber in ländlichen Gebieten ist immer noch die Familie des ältesten Sohnes für die Pflege seiner Eltern zuständig. Dies führt dazu, dass die ältesten Söhne Schwierigkeiten haben, Ehefrauen zu finden, da heute nicht mehr viele Frauen bereit sind, sich von den Schwiegereltern im eigenen Haus herumkommandieren zu lassen.

Die Scheidungsrate, meist initiiert von den Frauen, ist stark gestiegen, auch weil sich die Gesetzeslage zugunsten der Frauen geändert hat.

Es gibt zwei statistische Höhepunkte für Scheidungen: Der eine nennt sich *narita-rikon* (Flughafen Narita Scheidung). Jungvermählte, die während der Flitterwochen auf Hawaii oder Bali zum ersten Mal mehrere Tage rund um die Uhr miteinander verbracht haben, stellen fest, dass die Eheschließung ein Fehler war und lassen sich sofort wieder scheiden. Es gab 1997 sogar eine Fernsehserie mit dem Namen *‚narita-rikon'*, welche die Anfangsprobleme eines jungen Paares schildert, das sich eigentlich nicht kennt.

Der zweite Scheidungshöhepunkt ist die Pensionierung des Mannes. Plötzlich sitzt jemand im Wohnzimmer, der zuvor selten am Familienleben teilgenommen hat. Häufig ist er der Meinung, dass der Haushalt nun nach seinen Regeln organisiert werden sollte und die Ehefrau entsprechend herumkommandiert werden müsse.

Loriots Film ‚Pappa ante Portas' zeigt diese Situation sehr humorvoll aus deutscher Sicht. Für die japanischen Männer gibt es aber oft wenig zu lachen, die Scheidung droht in vielen Fällen. Dies hat Trainer dazu bewogen, Seminare zur Selbstbesinnung von ‚Haustyrannen' anzubieten. Hier lernen japanische Ehemänner, respektvoll mit ihren Frauen umzugehen, sich zu entschuldigen, sich zu bedanken und als höchste Stufe ‚Ich liebe dich' zu sagen. Das alles hört sich witzig an, ist aber bitterer Ernst für viele japanische Ehen.

Aus der Praxis

Anmerkung einer Japanerin: „Nach fünf Jahren Ehe ist es gleichgültig, ob es eine Liebesheirat oder eine arrangierte Ehe war."

Dies ist die Aussage einer sehr zufrieden wirkenden Japanerin Ende 40, die zwei Söhne hat, ein schönes Haus unweit von Tokio, freiberuflich arbeitet und am liebsten mit ihren Freundinnen verreist. (Heute gibt es kaum noch arrangierte Ehen.)

Frage eines Teilnehmers: „Ich habe gehört, dass es in Japan zum guten Ton gehört, neben der Familie noch eine langjährige Geliebte zu haben. Stimmt das?"

In früheren Zeiten waren solche Nebenbeziehungen zu Zweitfrauen in Japan durchaus üblich. Heute gibt es allerdings in Japan auch nicht mehr Männer mit Zweitfamilie als im Westen. Prominente Beispiele wie Horst Seehofer oder François Mitterand sind sicher keine Einzelfälle. Der Durchschnittsjapaner hat viel zu lange Arbeitszeiten und verfügt nicht über genügend Geld, um sich ein Doppelleben leisten zu können.

Die Amerikanerin Pamela Druckerman hat in zehn Ländern weltweit erforscht, warum und wie sich Partner betrügen. Sie kommt zu dem Schluss, dass es Japanern viel zu anstrengend wäre, eine Geliebte zu haben. Allerdings gilt ein Seitensprung mit einer Prostituierten gemeinhin nicht als Betrug.

Essen und Trinken

Ess- und Trinkgewohnheiten sind in allen Kulturen verschieden. Sie sind interessant, oft fremd, aber wer offen für Neues ist, kann Überraschendes entdecken und der anderen Lebensart näherkommen.

Deutschland

Gemessen an der Flut von Kochsendungen, Kochbüchern und Kochratgebern müssten wir das Essen enorm wichtig nehmen. Die Zunahme an Übergewicht und Essstörungen sprechen allerdings eine andere Sprache. Anscheinend wird essen oft mit Nahrungsaufnahme verwechselt und Lebensmittel müssen offensichtlich in Deutschland vor allem eins sein: Billig. Natürlich gibt es auch viele Menschen, die sich bewusst und gesund ernähren, aber der Durchschnittsdeutsche tut dies offensichtlich nicht. Wir geben heute 11% unserer durchschnittlichen Einkommen für Lebensmittel aus. Asiaten beklagen oft, dass man in Deutschland nichts zu essen bekäme und wenn man weiß, dass man in Japan praktisch rund um die Uhr günstiges, qualitativ hochwertiges und schnelles Essen bekommen kann und die Öffnungszeiten von deutschen Gaststätten anschaut, versteht man diese Behauptung. Wenn uns der kleine Hunger packt, essen wir meist Back- oder Süßwaren. In Japan isst man dann gerne eine Nudelsuppe oder ein anderes Schnellgericht, das kein ungesundes Fast-Food ist. Traditionell essen wir zweimal am Tag kalt und einmal warm. Wir glauben, dass häufigeres warmes Essen dick macht, einmal am Tag aber wichtig und gesund ist.

Japan

Japaner geben bis zu einem Drittel Ihres Einkommens für Lebensmittel aus. Sie essen traditionell dreimal täglich warm. Für Japaner gehört zu einer Mahlzeit Reis. In der Küche einer japanischen Familie steht ein Reiskocher, in dem sich immer warmer Reis befindet. Wer Hunger hat, nimmt sich Reis und eine kleine

Beilage, z.B. eingelegtes Gemüse oder ein wenig Fisch. Allerdings essen junge Japaner heute auch gerne Toast zum Frühstück, amerikanisches Fast-Food oder Pizza und die Gewichtsprobleme nehmen zu. Die japanische Regierung hat hiergegen bereits Maßnahmen ergriffen: Seit April 2008 ist es in allen Großbetrieben und Kommunalverwaltungen Japans Pflicht, einen Gesundheitstest durchzuführen. Knapp die Hälfte der Bevölkerung muss sich einmal im Jahr medizinisch testen lassen. Dabei wird beispielsweise der Bauchumfang gemessen: Bei Männern sind 85 cm erlaubt, bei Frauen 90 cm. Kommunen und Unternehmen wird mit Sanktionen gedroht. Sind die Getesteten zu dick, müssen die Betriebe empfindlich höhere Abgaben an die Krankenkasse leisten. Die Regierung versucht, mit diesem Gesetz die Folgen der Fettleibigkeit sowohl für den Einzelnen als auch für die Allgemeinheit zu verringern.

Für Japaner bedeuten Lebensmittel ‚Mittel zum Leben'. Man geht respektvoll mit Essen um und legt höchsten Wert auf Frische und beste Qualität, für die man auch bereit ist, entsprechend zu zahlen. Die negative Seite dieses Anspruches ist aber, dass in Japan viele Lebensmittel weggeworfen werden, weil sie schnell als nicht mehr frisch gelten.

Bei japanischem Essen fällt uns leider meist nur eins ein: Roher Fisch, und den zu essen fällt trotz der Flut an *sushi*-Restaurants in Deutschland vielen schwer. Dem kann man entgegenhalten, dass *sushi* in Japan in aller Regel wesentlich besser ist, selbst wenn es preisgünstiges Fließband-*sushi* ist. Roher Fisch ist aber einfach ist nicht jedermanns Sache. Glücklicherweise hat die japanische Küche darüber hinaus wesentlich mehr zu bieten. Viele Leute glauben, dass die japanische Küche die beste der Welt ist, auch der Guide Michelin ist in seiner neusten Ausgabe dieser Meinung. Tokioter Restaurants erhielten weltweit die meisten Sterne, fast doppelt so viele wie Pariser und dreimal so viele wie New-Yorker Restaurants. Michelin bezeichnet dieses Ergebnis als ‚Hommage an die außergewöhnliche Küche' Japans.

Es gibt in Japan neben rohem Fisch viele andere schmackhafte, überraschende Speisen. Hier eine kleine Auswahl:

- *Ramen* (Nudelsuppen)

- *Shabushabu* (ein Fleischfondue, das man selbst am Tisch zubereitet)
- *Yakiniku* (gegrilltes Fleisch und Gemüse, ebenfalls selbst am Tisch gegrillt)
- *Tonkatsu* (frittiertes Schnitzel mit Weißkraut oder auf Reis)
- *Tempura* (frittiertes Gemüse und Fisch in einer leichten Panade)
- *Nabe* (ein Eintopfgericht)
- *O-Bento* (Lunchboxen mit unterschiedlichem Inhalt, oft an Bahnhöfen oder in Convenience-Stores erhältlich)
- *Teppanyaki* (eine große Grillplatte, um die herum man am Tresen sitzt, während der Koch die zuvor ausgewählten Speisen vor den Gästen zubereitet)

Kaiseki-ryoori (ein kunstvolles, mit erlesenen Zutaten zubereitetes Menu mit zahlreichen Gängen und vielen kleinen Speisen, dies ist einer von fünf Gängen für vier Personen.)

- *Yakitori* (Hühnerspiesse)

- *Curry* (ein aus Indien kommendes Schnellgericht, das mit Reis gegessen wird. Wahlweise mit verschiedenen Fleischsorten oder vegetarisch)
- *Onigiri* (Reis'bällchen' für den kleinen Hunger, mit unterschiedlichen Zutaten, z.B. gegrilltem Lachs, gefüllt)
- *Sashimi* (roher Fisch, der ohne Reis gegessen wird)

Aus der Praxis

Ein von mir erlebter Fall: „Bei einem Essen mit japanischen Kollegen wurde *sashimi* (rohe Fischscheiben) bestellt. Das *sashimi* kam als ganzer Fisch, der sich noch bewegte. Ich konnte nichts mehr essen."

In früheren Zeiten war lebendiger Fisch auf dem Teller der Beweis der besonderen Frische der Speisen. Heute ist dies eher Ausdruck einer Wohlstandsgesellschaft und kommt nicht oft vor. Ich habe es nur dieses eine Mal erlebt. Wir vergessen gerne, dass z.B. auch für Hamburger die Rinder unter wenig schönen Umständen sterben müssen. Wenn Sie Angst vor dem Anblick von noch lebenden Fischen haben, weisen Sie bereits bei der Bestellung daraufhin, dass Sie dies nicht mögen. Dies kann vor allem in Restaurants vorkommen, wo die für den Verzehr bestimmten Fische sichtbar in Aquarien schwimmen.

Für die Praxis

- Lernen Sie, mit Stäbchen umzugehen. Es ist in Restaurants mit japanischer Küche außer Löffeln und Kuchengabeln kein Besteck vorhanden.
- Legen Sie die Stäbchen nach dem Essen auf oder vor die Schale. Auf keinen Fall in die Schale oder auf den Teller legen, dies ist ein Beerdigungsritual.
- Nehmen Sie sich nicht mehr auf den Teller, als Sie essen können, z.B. bei Buffets.
- Gehen Sie respektvoll mit Lebensmitteln um.
- Sagen Sie 'I am already full' oder einfach bedauernd 'Sorry, but this is a little....' Geben Sie keine langatmigen

Erklärungen, weshalb Sie etwas nicht essen können oder wollen.

- Erklären Sie: ‚*Bejitarian desu*', falls Sie Vegetarier sind. Sprechen Sie es so aus, wie es hier steht, sonst wird man Sie nicht verstehen (das ‚j' wird stimmhaft gesprochen, wie im englischen).
- Machen Sie keine Späße mit den Stäbchen, auch nicht im betrunkenen Zustand. Japaner finden dies überhaupt nicht lustig.
- Gießen Sie keine Soßen über den Reis.
- Vor dem Essen sagt man ‚*itadakimasu*'. Man sagt dies zu sich selbst und es bedeutet wörtlich ‚ich erhalte (etwas)' und ist eine Art Dank.
- Nach dem Essen sagt man ‚*gochisoosama deshita*' ‚Es war sehr lecker', wenn es gut geschmeckt hat.
- Schlürfen Sie, wenn der Tee oder die Suppe zu heiß sind.
- Fragen Sie nach, wie bestimmte Dinge zu essen sind, z.B. mit welchen Soßen. Dies ist ein gutes Smalltalkthema, auch japanische Kellner helfen gerne.
- Rechnen Sie damit, dass mancher Shrimp oder Fisch noch lebt. Z.B. beim *teppanyaki* sind die Shrimps nicht tot, wenn sie auf die heiße Platte gelegt werden. Auch bei *sashimi* kann es passieren, dass der Fisch komplett und noch lebend an den Tisch gebracht wird.
- Diskussion über Walfang sollten Sie vermeiden. Walfleisch ist schwer zu bekommen und spielt nur eine unwesentliche Rolle im japanischen Warenkorb. Auch die Frage, ob Walfang moralisch in Ordnung ist oder nicht, wird selbst unter westlichen Meeresbiologen sehr konträr diskutiert. Europäische Nationen töten übrigens jährlich mehr Wale als Japan.
- Portionieren Sie *wasabi* (grüne Meerrettichpaste) vorsichtig. Bei japanischen *sushi* ist bereits *wasabi* auf den Reis aufgestrichen.
- Geben Sie kein Trinkgeld.
- Bestellen Sie einfach nach, wenn Sie noch hungrig sind. Man muss nicht alles am Anfang bestellen.

- Gestalten Sie die Reihenfolge der Speisen wie es Ihnen schmeckt. Die Suppe als Vorspeise zu essen kennt man nicht, sie wird zwischendurch oder sogar am Ende ‚getrunken'.
- Bezahlen Sie an der Kasse am Ausgang, nur kurz vor dem Schließen des Restaurants wird manchmal auch am Tisch bezahlt.
- Bestellen Sie zum Essen keine Getränke aus dem Gefühl heraus, etwas verzehren zu müssen. Tee und Leitungswasser werden immer kostenlos serviert. Sie können ruhig nachfragen, falls es nicht automatisch gebracht wird.
- Benutzen Sie aus Hygienegründen die meist bereitliegenden Extrastäbchen, um sich von Gemeinschaftstellern zu bedienen. Notfalls benutzt man die Rückseite seiner eigenen Stäbchen.
- Es gibt sehr exklusive Restaurants in den Großstädten, die von außen kaum als solche zu erkennen sind: *Kakurega*. Diese bieten besonders ausgefallene und erlesene Küche, aber ohne Japanischkenntnisse oder eine japanische Begleitung ist es annähernd unmöglich, etwas zu bestellen.

Geschenke

Jede Kultur hat ihre eigenen Regeln im Umgang mit Geschenken: Was kann man schenken, wem, wie verhält sich der Beschenkte sind nur einige sichtbare Kulturstandards.

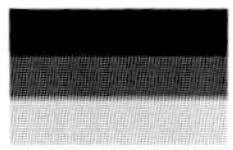

Deutschland

Wir kennen Geschenke für spezielle Festtage wie Weihnachten, Geburtstag, Hochzeit oder Geburt. Daneben haben wir eine Geschenkkultur für private Einladungen. Wenn wir eine Person besser kennen, versuchen wir, ein persönliches Geschenk zu kaufen; wenn nicht, schenken wir Blumen, Wein oder Pralinen. Mitbringsel von Reisen sind heute nicht mehr so üblich wie früher und Geschenke für Kollegen gibt es nur bei ganz besonderen Feierlichkeiten. Gerade im Geschäftsumfeld empfinden wir Geschenke schnell als verdächtig. Es gibt zahlreiche Gesetze und betriebsinterne Regeln, wie mit Geschenken umzugehen ist. Zu schnell gerät man in den Verdacht der Bestechlichkeit und dies ist in Deutschland ein absolut missbilligtes Verhalten. Regeln zum Verpacken und Überreichen von Geschenken gibt es in der heutigen Zeit kaum noch. Eine ausgefallene und aufwendige Verpackung ist schön, aber nicht notwendig, es darf auch gerne originell sein, z.B. eine besonders schöne Zeitung, vielleicht mit fremden Schriftzeichen.

Japan

In Japan gibt es eine Jahrhunderte alte Kultur des Schenkens und Beschenktwerdens. Der Umgang mit Geschenken ist überaus wichtig und bedeutet viel mehr als das Weitergeben eines Gegenstandes.

So ist es in Japan beispielsweise üblich, von Geschäftsreisen allen näheren Kollegen etwas mitzubringen. Wer sich schon immer gefragt hat, wer den Plastikkitsch in Souvenirshops an Ausflugsorten kauft: Japanische Kunden gehören hier bestimmt zu den fleißigsten Käufern. In früheren Zeiten, als die Japaner noch in Armut lebten, wollte man trotz mangelnder finanzieller Mittel um göttlichen Beistand bitten. Dazu waren oft Pilgerreisen zu weiter entfernten Tempeln nötig. Das gesamte Dorf legte Reisegeld zusammen und ein Dorfmitglied trat die Reise im Namen seiner Mitbürger an. Bei seiner Rückkehr gab es *omiyage* (Mitbringsel) für die Dorfbewohner, oft Süßigkeiten mit dem Wappen des besuchten Tempels. Dies war sein Dank dafür, dass er diese Reise machen durfte und stellte gleichzeitig den Beweis dar, dass er wirklich am gewünschten Ort war, denn die mitgebrachte Süßigkeit war eine Besonderheit der besuchten Region. Bis heute gibt es an jedem Ausflugsziel zahlreiche Souvenirshops, die immer eine lokale Süßigkeit verkaufen. Diese werden gerne gekauft und für alle Kollegen zum Zugreifen ins Büro gestellt.

Daneben gibt es zahlreiche Geschenkanlässe, bei denen es gilt, das zum jeweiligen Anlass richtige Geschenk zu wählen. Dabei wird sehr gerne zu Lebensmitteln gegriffen. Die überraschend teuren Melonen und Obstzusammenstellungen in Supermärkten sind als Geschenk gedacht und nicht für den normalen Verzehr, wie manche Ausländer vermuten.

Im Fernsehen gibt es während der Geschenksaisons im Sommer und zum Jahreswechsel viele Werbespots, die beispielsweise ein Speiseölpräsent, eine Schinkenauswahl oder eine Box mit alkoholischen Getränken als geeignete Geschenke präsentieren.

Nach Geschäftsessen werden häufig ganz am Ende, kurz vor dem Einsteigen ins Taxi, noch Kekse für die zu Hause wartenden Ehefrauen überreicht.

Wenn Japaner mit Ausländern die Erfahrung machen, dass diese keine Geschenke mitbringen, kann es vorkommen, dass sie ebenfalls damit aufhören, was aber kein gutes Zeichen für eine intakte Geschäftsbeziehung ist.

Aus der Praxis

Frage eines Teilnehmers: „Die Japaner bringen immer Geschenke mit, meist schreckliche Sachen. Was sollen wir denn damit anfangen?“

Es gebietet die Höflichkeit, bei jedem Geschäftsbesuch Geschenke mitzubringen. Da fällt es natürlich schwer, immer wieder eine gute Wahl zu treffen. Deshalb sind die Mitbringsel oft Reiscracker oder Kuchen, die uns geschmacklich nicht immer überzeugen. Daneben lieben Japaner technische Spielereien und denken, dass andere dies auch tun. Einem Kunden von mir wurde von einem Lieferanten für alle Kollegen ‚crunching dog' mitgebracht. Diesen Hund steckt man in eine USB-Schnittstelle des Computers und der kleine Hund beginnt damit sit-ups zu machen. Das ist alles. Man kann keine Daten auf den Stick übertragen, außerdem nervt uns das Geräusch nach spätestens einer Minute. Für Japaner ist es einfach witzig, ein solches Gimmick zu entdecken und zu verschenken, es muss keinen Sinn machen, es soll einfach witzig sein und in diesem Fall sicher den Benutzer auch daran erinnern, sich mal wieder sportlich zu betätigen.

Fall eines Teilnehmers: „ Ich hatte als deutscher Expatriate einen kleinen Auffahrunfall mit einem Japaner. Der Japaner fühlte sich als Unfallverursacher verpflichtet, am nächsten Wochenende zu meinem Haus zu kommen, um Geschenke als Zeichen seiner Entschuldigung zu überreichen: Eine Flasche teuren japanischen Whisky für mich und ebenso teures Gebäck für meine Frau."

Der Japaner empfand es als seine Pflicht, sich für die Unannehmlichkeiten, die er seinem Unfallgegner bereitet hatte, mit Geschenken zu entschuldigen. Selbst bei einem Bagatellschaden kommt dieses Verhalten vor (siehe Kapitel Harmonie und Konflikte).

Tipps für die Praxis

Was bringe ich Geschäftspartnern mit?

- Zunächst ist es natürlich auch in Japan am besten, wenn man persönliche Geschenke machen kann, dazu muss man seine Kollegen, ihre Hobbies und Interessen aber etwas kennen. Wenn dies nicht der Fall ist, gibt es dennoch viele Geschenkmöglichkeiten.

- Firmengeschenke Ihres eigenen Unternehmens: Schöne Kugelschreiber, USB-Sticks, Laserpointer, Kalender etc. werden auch 2017 immer noch gerne genommen.
- Geschenke mit persönlichem Bezug zu Ihnen selbst: Gut sind Dinge, die mit Ihnen, z.B. der Stadt aus der Sie kommen oder mit Ihrer Familie, zu tun haben. Wenn ein berühmter Winzer oder Bäcker sein Geschäft in Ihrer Stadt hat, können Sie hier gute Geschenke kaufen.
- Alkoholika: Wein ist in Japan äußerst beliebt. Es gibt wenig qualitativ hochwertigen deutschen Wein zu kaufen. Japaner mögen am liebsten halbtrockenen Wein. Ein schönes deutsches Bierpräsent ist ebenfalls möglich. Beachten Sie aber, dass Sie maximal 3 Flaschen Alkohol mit jeweils 0,75 Liter Inhalt nach Japan einführen dürfen. Bei Überschreitung der Höchstmenge kostet eine Flasche Wein 150 Yen Zoll, (zwischen 1,20 Euro und 1,50 Euro).
- Süßigkeiten: Auch wenn es das Gerücht gibt, dass japanische Männer keine Süßigkeiten essen, es stimmt meist nicht. Für Ihre Kollegen im Allgemeinen bringen Sie am besten einzeln verpackte Schokolade (Ritter Sport mini, Toblerone mini, Ferrero Küsschen usw.) oder Gummibärchen mit (kaufen Sie große Packungen mit kleinen Päckchen als Inhalt). Diese Mitbringsel werden an einem speziellen Ort im Büro aufgestellt und jeder kann zugreifen. Japaner finden es unhygienisch, wenn die Lebensmittel nicht einzeln verpackt sind.
- Markenartikel: Japaner lieben Markenartikel, deutsche Marken sind zum Teil sehr bekannt. Ein Schlüsselhalter von Hugo Boss, Golfbälle von Porsche oder eine Baseballmütze mit Daimler-Emblem finden sicher Gefallen, ebenso Markenlebensmittel, z.B. von Dallmayer: Konfitüre, Kaffee, Senf, Baumkuchen.
- Kosmetik: Bei Frauen, die Sie etwas besser kennen, oder wenn Sie selbst eine Frau sind können Sie Naturkosmetik von Dr. Hauschka oder Weleda verschenken. Beide Marken sind aufstrebend in Japan und Bioprodukte werden

immer beliebter. Am besten wählen Sie etwas Einfaches wie eine normale Tagescreme oder Handcreme aus.
- Spielzeug: Wenn Sie wissen, dass der zu Beschenkende Kinder hat, ist z.B. deutsches Holzspielzeug beliebt, auch Kunststofftiere von Schleich sind bekannt. Elektronisches Spielzeug sollten Sie vermeiden, da es in Japan immer das Allerneuste gibt, weit früher als auf dem europäischen Markt.

Was ist zu beachten?

- Nehmen Sie Geschenke mit, möglichst für alle. Gemeinschaftsgeschenke für Kollegen und Einzelgeschenke für Personen, die Ihnen besonders zur Seite stehen.
- Verpacken Sie die Geschenke mit schönem Papier und Schleife, möglichst in Originalkartons und mit Geschenkverpackung des Kaufhauses. Geschenke ohne Karton sehen immer nach secondhand aus.
- Vermeiden Sie die Viertelung der Verpackung mit dem Geschenkband.
- Erwarten Sie nicht, dass Ihr Geschenk aufgepackt wird. Aus Angst vor Nichtgefallen und einem eventuellen Gesichtsverlust packt man lieber aus, wenn der Schenkende nicht anwesend ist. Wenn Sie möchten, dass das Geschenk aufgepackt wird, müssen Sie es sagen.
- Packen Sie ein erhaltenes Geschenk nicht einfach aus. Fragen Sie, ob Sie es öffnen können. Bei formellen Treffen sollten Sie es einfach unausgepackt mitnehmen.
- Sprechen Sie, wenn möglich, über Ihr Geschenk. Erklären Sie, dass der Wein eine goldene Prämierung hat oder der Baumkuchen aus Ihrem Wohnort kommt. Japaner mögen Ranglisten.
- Schenken Sie Kunden nicht zu teure Dinge, in Japan gab es schwere Korruptionsfälle, man ist sehr vorsichtig geworden und Compliance wird sehr ernst genommen.
- Überreichen Sie Ihre Geschenke bei Kunden am Ende des Meetings. Es genügt ein größeres Geschenk, das Sie dem Delegationsleiter überreichen.

- Machen Sie keine Geschenke mit vier oder neun Teilen. Beide Zahlen bringen Unglück. Die Aussprache des Wortes vier=*shi* kann auch ‚Tod' bedeuten und die des Wortes neun=*ku* ‚Ungemach'.
- Verschenken Sie keine weißen Tücher, weiße Blumen, Scheren und Messer bei neuen Beziehungen,
- Versuchen Sie sich nicht im Wert der Geschenke gegenseitig zu überbieten.

Bei offiziellen Anlässen ist eine korrekte Grußkarte erforderlich.

Geschenkanlässe

Oseibo

Die Geschenkzeit *oseibo* ist Anfang Dezember eine Gelegenheit, sich bei Vorgesetzten und weiteren Personen zu bedanken, denen man sich verpflichtet fühlt. Üblich sind hier Lebensmittelpräsente für zwischen 3.000 Yen und 10.000 Yen, die speziell in japanischen Supermärkten und Kaufhäusern angeboten werden.

Neujahr

Neujahrskarten an Freunde und Geschäftspartner sind ein Muss. Diese sollten um den 15. Dezember herum weggeschickt werden, um am Neujahrstag zugestellt zu werden. Beliebt sind hier Saisonkarten inklusive Lotterienummer.

Ochuugen

Der Termin ist Anfang Juli, zu Beschenkende und Geschenke sind wie bei *oseibo*.

Hochzeit

Falls Sie zu einer Hochzeit eingeladen werden, sollten Sie davon absehen, ein Geschenk zu kaufen. Bei diesem Fest wird ein Geldgeschenk erwartet, dessen Höhe von der Beziehung zum Brautpaar abhängt. Bei Bekannten oder Kollegen sollten Sie 30.000 Yen schenken, als Vorgesetzter sollten es mindestens 50.000 Yen sein. 40.000 Yen sind unmöglich, wegen der Unglück verheißenden Zahl vier. Benutzen Sie nur neue 10.000 Yen-Scheine, die in einen dafür vorgesehenen Umschlag gesteckt werden, der von außen beschriftet wird. Man vermerkt hier seinen Namen und Adresse sowie die innenliegende Geldsumme.

Geburt

Bei der Geburt eines Baby werden die typischen Babygeschenke, manchmal auch Geld überreicht. Vergewissern Sie sich, dass das Baby gesund ist. Behinderungen sind nach wie vor ein schwieriges Thema, das man häufig verschweigt.

Beerdigung
Auch bei Beerdigungen wird Geld geschenkt. Üblich sind 10.000 Yen, ein älterer Schein wird in einen speziellen Umschlag gesteckt. Auch von Deutschland aus sollten Sie eine Beileidskarte schicken.

Omiyage
Omiyage bedeutet Mitbringsel von Geschäfts- oder Urlaubsreisen für Kollegen, Nachbarn, Freunde und Familie. Geschenkt wird hier ein typisches Erzeugnis, beispielsweise Süßigkeiten der besuchten Gegend.

Geburtstag
In Japan werden nur Kindergeburtstage gefeiert, Erwachsene begehen ihren Geburtstag nicht. Geschenke zum Geburtstag machen sich nur Verliebte.

Valentinstag
Am 14.2. beschenken Frauen ihre Kollegen, Vorgesetzten, Freunde und Verwandten mit Schokolade. Dabei wird genau beachtet, welche Beziehung man hat und die Schokolade entsprechend ausgewählt. Alle Kaufhäuser und Supermärkte errichten in dieser Zeit Sonderstände, die Schokolade in allen Preiskategorien anbieten. Vor allem Vorgesetzte und Kollegen erhalten *girichoko*, Pflichtschokolade, die zukünftiges Wohlwollen sichern soll (siehe Kapitel Gefälligkeiten einsetzen).

White Day
Am 14.3. revanchieren sich die Männer mit Süßigkeiten für die erhaltene Schokolade des Valentinstags.

Allgemeine Hinweise

Putzen Sie sich in der Öffentlichkeit nicht lautstark die Nase. Japanische Männer haben immer ein Stofftaschentuch in ihrer Hosentasche, die Frauen in ihrer Handtasche, um sich im Sommer das Gesicht abzuwischen oder nach dem Händewaschen die Hände damit abzutocknen. Die Vorstellung, sich in ein solches Tusch zu schnäuzen und es dann wieder einzustecken ist äußerst unangenehm. Japaner ziehen statt dessen die Nase hoch und tragen bei Erkältungen eine Gesichtsmaske, um sich und andere zu schützen.

Denken Sie daran, dass Sie sehr oft die Schuhe ausziehen müssen. Schnürschuhe sind dabei unpraktisch. Japaner würden niemals Wohnräume in Straßenschuhen betreten. Auch in etlichen Restaurants muss man die Schuhe ausziehen. Ebenfalls beim Betreten eines *onsen*, eines Sportstudios, eines Tempels, sogar in manchen Tempelgärten muss man seine Straßenschuhe gegen spezielle Sandalen austauschen.
Tatami-matten (Reisstrohmatten), die zum Teil auch in Restaurants ausgelegt sind, werden nur barfuß oder mit Socken betreten. Da diese Matten extrem empfindlich sind, betritt man sie noch nicht einmal mit Hausschuhen.

Achten Sie auf die Neuwertigkeit Ihrer Socken. Es ist peinlich, wenn man seine Schuhe ausziehen muss und ein kaputter Socken zum Vorschein kommt. Altkanzler Schröder passierte dies bei einem Gipfeltreffen in Tokio. Beim offiziellen Teil gab es ein Kulturprogramm, das ein Ausziehen der Schuhe erforderte. Herr Schröder hatte ein gewaltiges Loch im Socken, das von allen japanischen Fernsehsendern in Großaufnahme gezeigt wurde.

Kleiden Sie sich nicht nachlässig. In einer Weltstadt wie Tokio achtet man stark auf gute und elegante Kleidung.

Sprechen Sie geeignete Smalltalkthemen an: Wetter in Japan und Deutschland, Hobbies, Reisen, japanische und deutsche Kultur,

Sport, Essen. Die beliebtesten Sportarten in Japan sind: Baseball, Golf, *sumo*, Fußball, Marathon.

Baseball ist in Japan Sportart Nummer eins, vergleichbar mit Fußball in Deutschland. Fast jede Schule hat ihre eigene Mannschaft und es werden landesweite Schulmeisterschaften ausgetragen. Außerdem gibt es zwei weltweit erfolgreiche Profiligen.

Golf ist sehr beliebt. 2017 spielen 4 japanische Männer in der Rangliste der weltweit besten Golfspieler und Hideki Matsuyama steht hier auf dem dritten Rang.

Sumo ist seit einigen Jahren in der Krise. Es kämpfen immer mehr Ausländer in der Eliteklasse dieser urjapanischen Sportart und dies missfällt vielen Japanern.

Fußball ist äußerst populär. Die japanische Liga, J-League, wurde erst 1993 mit viel Geld aus der Industrie gegründet, aber dies tut der Beliebtheit keinen Abbruch. Legendär ist das Tor der japanischen Mannschaft gegen Brasilien bei der WM 2006 in Deutschland. In der deutschen Bundesliga spielen 2017 dreizehn japanische Fußballer.

Marathon, für den normalen Athleten eher Jogging, ist beliebt. In Japan werden schon im Kindergarten Laufwettbewerbe abgehalten und an einigen Schulen ist es eine Art Ritus, zum Schulabschluss Läufe zu absolvieren, die vom Abend bis zum nächsten Morgen dauern und bei denen weit mehr Kilometer als bei der übliche Marathonstrecke zurückgelegt werden. In fast jeder großen Stadt in Japan werden regelmäßig international besetzte Marathonläufe ausgetragen.

Loyalität, Treue und Beharrlichkeit sind sehr wichtige japanische Werte, die ich an dieser Stelle anhand zweier Beispiele verdeutlichen möchte.

Sinnbild für unerschütterliche Treue ist in Japan der Hund *hachiko*. Er war ein japanischer Hund der Rasse *akita-ken* und gehörte Dr. Ueno, der an der Universität Tokio lehrte. Dr. Ueno fuhr jeden Tag mit der Bahn zur Universität und sein Hund begleitete ihn morgens zum Bahnhof und war abends zur Stelle, um sein Herrchen abzuholen. Im Mai 1925 erlitt Herr Ueno einen tödlichen Schlaganfall. *Hachiko* ging aber dennoch zehn Jahre lang weiter morgens und abends zum Bahnhof, um auf sein Herrchen zu warten. Schon zu dieser Zeit war der Hund berühmt und es kamen viele Menschen, um ihn zu sehen und zu streicheln. 1935 fand man *Hachiko* tot an dem Platz, an dem er viele Jahre gewartet hatte. Dies rührte die Japaner so sehr, dass sie ihm zu Ehren ein Denkmal im Tokioter Stadtteil *shibuya* errichteten und bis heute wird im April ein Fest zum Gedenken an *hachiko* gefeiert. Der Platz, auf dem das Denkmal steht, ist vor allem bei jungen Leuten ein beliebter Treffpunkt und noch immer kennen alle Japaner die Geschichte des treuen *hachiko*.

Das *hachiko*-denkmal in *shibuya*.

Literaturhinweise

Lokales Denken, globales Handeln
Interkulturelle Zusammenarbeit und globales Management
Geert Hofstede
dtv, München, 2011

Eiche und Bambus
Rita Menge, Nadine Steiger, Königshausen&Neumann, 2012
Anhand gegenübergestellter Piktogramme werden Unterschiede und auch Gemeinsamkeiten der deutschen und japanischen Kultur gezeigt.

Cool Japan uncool: Warum wir Japan lieben oder hassen
Rita Menge, Königshausen&Neumann, 2015
Japan polarisiert und verwirrt uns. Hier die Sicht einer Ausländerin, subjektiv, mit ganz viel Sympathie für ihr Gastland.

Gebrauchsanweisung für Japan
Gerhard Dambmann, Piper Verlag GmbH 2013
Verbindet Reise- und Geschäftstipps auf amüsante Weise.

Blauäugig in Tokio
Niall Murtagh, Ullstein Tb 2008
Der Insiderbericht eines Iren, der einige Jahre bei Mitsubishi in Tokio arbeitete und hier von seinen Erfahrungen berichtet.

Der Toyota-Weg
Jeffrey K. Liker, FinanzBuchverlag 2006
14 Managementprinzipien des weltweit erfolgreichsten Automobilkonzerns.

Japan 2015
Politik, Wirtschaft und Gesellschaft
David Chiavacci, Iris Wieczorek, Iudicum Verlag 2015
Sehr fundierte Beschreibungen und Bewertungen zu den im Untertitel genannten Themen.

Communication with Japanese in Business
Zusammenfassung der wichtigsten Verhaltensregeln im Geschäftsleben, herausgegeben von *jetro*, der japanischen Außenhandelsförderungsorganisation. Kostenlos erhältlich unter:
http://www.jetro.go.jp/germany/geschaeftsanbahnung/interkulkom.pdf

Inemuri, Wie die Japaner schlafen und was wir von ihnen lernen können. Brigitte Steger, rororo 2007
Sehr interessante Darstellung des japanischen Schlafs, seine kulturellen Hintergründe und Bedeutung auch im modernen Japan.

Das kaiserliche Japan
Geoepoche Nr. 21, 2006 (nur noch antiquarisch erhältlich)
Gibt einen ausgezeichneten Geschichtsüberblick, mit schönen Illustrationen und Fotos.

Maura O'Halloran
Im Herzen der Stille, Briefe und Tagebücher einer Zen-Schülerin
Fischer Taschenbuch, Frankfurt 2002
Was wie ein gewöhnliches Tagebuch einer jungen Frau beginnt, wird zu einem bewegenden Dokument über ihre Annäherung an diese Religion.

Mitsukos Restaurant
Christoph Peters
Luchterhand Literaturverlag 2011
Eine Liebesgeschichte, die sich einerseits um japanisches Essen und die Liebe zu einer Japanerin am Mittelrhein dreht, andererseits kunstvoll verknüpft mit einer im japanischen Mittelalter spielenden Geschichte.

Hideo Okuda
Die seltsamen Methoden des Dr. Irabu, Btb, 2008
Witzig geschrieben und für den aufmerksamen Leser mit vielen Hinweisen auf japanische Werte und Gesellschaftsnormen.

Sujita Massey
Autorin einer Krimiserie mit bisher zehn Büchern. Leichte Lektüre, die im Rahmen des Krimigenres zahlreiche Besonderheiten des japanischen Lebens einfließen lässt.

Die Kieferninseln
Marion Poschmann, Suhrkamp 2017
Stand auf der Shortlist des deutschen Buchpreises 2017 und hat begeisterte Kritiken erhalten.

Keigo Higashino
Eine kleine Reihe von sehr spannenden und klug durchdachten Kriminalgeschichten, mit einem für Europäer sehr ungewöhnlichen Sprachstil.

Murakami Haruki
Der japanische Schriftsteller in Deutschland. An seinem Buch ‚Gefährliche Geliebte' zerbrach das legendäre ‚Literarische Quartett' des ZDF. Es fällt schwer, ein Buch von ihm zu empfehlen, sie sind alle lesenswert. Oft geschehen in seinen Geschichten unerklärliche Dinge, mit denen man aber als Leser gut zurecht kommt.

Spielfilme

www.nipponconnection.de
Wer sich für japanische Filme interessiert, dem sei das Frankfurter Filmfestival Nippon Connection empfohlen.
Seit 2001 jährlich im April stattfindendes mehrtägiges größtes Filmfest für japanischen Film weltweit. Die Filme, die hier gezeigt werden, bleiben leider größtenteils ohne Veröffentlichung auf dem deutschen Markt.

Netflix
Bietet eine kleine Auswahl an japanischen Spielfilmen und Serien, auch im japanischen Original, mit Untertiteln in verschiedenen Sprachen, gut geeignet zum Auffrischen von Sprachkenntnissen.

www.tvtv.de
Hier können Sie unter dem Stichwort Japan die meisten Beiträge, die sich im Fernsehen mit Japan beschäftigen, finden.

Takeshi Kitano
Er ist neben dem Altmeister Akira Kurosawa der einzige japanische Regisseur, der im Ausland einem größeren Publikum bekannt ist. Er hat zahlreiche internationale Preise gewonnen und ist in Japan ein Superstar. Seine Filme haben oft autobiographische Züge. Wegen zahlreicher Gewaltszenen sind sie nicht für jeden Zuschauer geeignet. Auch in Deutschland aufgeführte Filme sind: Hanabi, 1997; Kikujiros letzter Sommer,2004; Dolls 2002; Zatoichi-der blinde Samurai 2003

Die Wiege der Sonne
Krimi aus dem Jahr 1993 mit Sean Connery und Wesley Snipes, der den Einfluss Japans auf die amerikanische Geschäftswelt zeigt. Bietet durch die Figur Sean Connerys viel Einblick in japanische Verhaltensweisen.

Shall we dance
Regie: Masayuki Sou
Die Geschichte eines biederen Familienvaters, der in einer Tanzschule einen Tanzkurs in klassischem Tanz beginnt und dadurch sein Leben verändert. Ein schöner und ruhiger Film.

Toni Takitani
Regie: Jun Ichikawa, 2004
Nach einer Erzählung von Murakami Haruki. Erzählt die Geschichte eines einsamen Mannes, dessen Frau bei einem Unfall ums Leben gekommen ist und der eine Frau sucht, die ihre Kleider trägt.

Tampopo
Regie: Jutzo Itami, 1985
Ein Film über die perfekte Nudelsuppe. Aber tatsächlich geht es um Themen wie Liebe, Tod und das Leben.

Shogun
Hauptdarsteller: Richard Chamberlain, 1980
Eine mehrteilige Serie, deren historisches Vorbild der Engländer William Adams war, der 1600 nach Japan kam. Mit viel Liebe zum Detail hergestellt und mit historisch korrekten Hauptereignissen.

Black Rain
Regie: Ridley Scott, 1989
Ein Actionfilm, der das Aufeinanderprallen und die Annäherung der amerikanischen und japanischen Kultur gut in Szene setzt.

Lost in translation
Regie: Sofia Coppola, 2003
Zwei Amerikaner begegnen sich in Tokio. Neben Scarlett Johansson und Bill Murray spielt Tokio die dritte Hauptrolle. In Japan wurde der Film geteilt aufgenommen, da er nicht ganz ohne Klischees auskommt.

Kirschblüten
Regie: Doris Dörrie, 2008
Ein ruhiger und berührender Film, der zu einem großen Teil in Tokio spielt.

Grüße aus Fukushima
Regie: Doris Dörrie, 2016
Eine junge Deutsche reist nach Fukushima, um die dortigen Bewohner aufzuheitern. Sie trifft eine alte Geisha, die unbedingt in ihr Haus im Sperrgebiet zurückkehren will.

Erleuchtung garantiert
Regie: Doris Dörrie, 2000
Dieser Film beginnt als deutsche Komödie und wird unvermittelt zu einer dokumentarischen Sinnsuche zweier ungleicher Brüder in einem japanischen Kloster.

Japan im Internet

Google.com findet unter dem Stichwort ‚Japan' ca. 770.000.000 Einträge. Eine Antwort auf jede Frage – und zuviel. Die folgenden Seiten sind eine kleine Auswahl mit gezielten Informationen zu Business, Kultur, Reisen in Japan sowie Tokyo-Events.

www.jetro.go.jp
Japanese External Trade Organisation zur Förderung des japanischen Außenhandels. Wirtschaftsinformationen, Statistiken, Informationen zu japanischen Unternehmen und Anderes.

www.djw.de
Deutsch-Japanischer Wirtschaftskreis. Informationen über japanische Branchen, politische Rahmenbedingungen, Managementpraktiken usw.

www.mofa.go.jp
Ministerium für internationale Beziehungen. Vielseitige Infos zu Reise, Kultur, Wirtschaft, Presse u.v.m. – extrem umfassend!

www.narita-airport.or.jp/airport_e/
Informationen über Ankunfts- und Abflugszeiten, Flughafen-Layout, logistische Anbindung.

http://www.hyperdia.com/
Ähnlich wie auf der Homepage der Deutschen Bahn können hier aktuelle Zugverbindungen und Uhrzeiten ermittelt werden.

www.jnto.go.jp
Reisetipps des japanischen Außenministeriums, inklusive Hotel-Datenbank.

www.metro.tokyo.jp
Offizielle Seite der Stadt Tokio, viele interessante Tipps rund um Tokio.

www.japan-guide.com
Themen wie Reisen, Verkehrsmittel, Sport, Lebensmittel, Lebenshaltung.

http://www.nhk.or.jp
NHK world: Japanische Nachrichten in vielen Sprachen, empfehlenswerter Sprachkurs für Anfänger.

http://metropolisjapan.com
‚Metropolis' heißt gleichzeitig auch das kostenlose City-Magazin mit aktuellen Informationen zu Veranstaltungen in Tokio. Erhältlich monatlich in Buchhandlungen, Plattenläden und Kneipen.

Timeout.com/tokyo
Aktuelle Tipps zu zahlreichen Veranstaltungen

www.roppongihills.com (Sprache unten auf der Seite einstellen)
Roppongi Hills ist ein Gebäudekomplex in Tokio und präsentiert sich gekonnt. Beste Aussicht in Tokio. Das Mori Art Museum zeigt sehr gute Ausstellungen. Infos dazu auf dieser Homepage. Einlass am Wochenende bis 24.00 Uhr.

Hilfreiche Apps

Tabimori app
Sehr vielseitige app mit Wetter, Zugverbindungen, Internet Hotspots...

App Japan connected free
Nach einmaliger Registrierung wird man automatisch mit den freien Hotspots verbunden

Scan & translate+
Übersetzt Fotos von japanischen Texten ins Englische

Line app
Japaner nutzen diesen Nachrichtendienst statt „whatsapp"

Danksagung

Mein Dank gilt allen meinen Kunden, die mir seit Jahren ihr Vertrauen schenken und deren Mitarbeiter ich in interkulturellen Schulungen trainiere.
Ebenso möchte ich den Teilnehmern meiner Seminare danken für ihre interessierte, aktive und konstruktive Teilnahme an meinen Veranstaltungen.

Besonders bedanken möchte ich mich bei meinem Mann, der mich immer ermutigt hat, dieses Buch zu schreiben und mich immer und von jedem Ort aus unterstützt.

All denen, die mir bei der Entstehung dieses Buches immer mit Rat und Tat zur Seite gestanden haben:
Meine Familie: Meine Mutter Anneliese Menge, Gisela und Werner Menge, Monika und Klaus Menge, Elli und Jürgen Menge. Mein Fotomodell Keiji Mimura, meine Freundinnen Claudia Plohner und Almuth Josefy sowie ganz besonders Familie Matsuoka in Kawagoe, Japan.